职业院校专业教师企业实践培训与考核指南丛书

立项单位：湖南省教育厅

研究单位：湖南省教育科学研究院　湖南省教育战略研究中心

U0721023

职业院校专业教师企业实践培训与考核指南

——飞机维修类专业

ZHIYE YUANXIAO ZHUANYE JIAOSHI QIYE SHIJIAN PEIXUN YU KAOHE ZHINAN

FEIJI WEIXIULEI ZHUANYE

舒底清　都昌兵　著

中南大学出版社
www.csupress.com.cn

·长沙·

内容简介

　　《职业院校专业教师企业实践培训与考核指南——飞机维修类专业》是"职业院校专业教师企业实践培训与考核指南丛书"之一，包括正文和附录两个部分。正文将教师企业实践培训内容分为职业素养、岗位核心能力、专业教学能力、专业发展能力四个模块。其中：职业素养模块设置企业文化、企业制度、岗位规范和政策法规四个项目；岗位核心能力设置了故障检查与分析、机体结构修理、部附件修理、试车、外场维护和航空维修新技术六个项目；专业教学能力主要包括行业企业调研、典型工作任务分析、课程体系开发、教学资源开发和教学能力训练五个项目；专业发展能力主要包括应用技术研究和社会服务两个项目。附录包括技能考核项目、操作流程与考核评分标准、结业考核评分标准、样题、样题题例等内容。

　　本书面向读者为职业院校目前开设的飞行器维修技术、航空发动机装试技术、航空发动机维修技术和通用航空器维修技术等飞机维修类专业教师及相关行业企业从业人员，对标航空装备维修领域的发展趋势和岗位规范要求，以飞机维修流程为逻辑框架选取重点岗位的典型工作任务，帮助读者科学安排企业实践的培训及考核内容，使飞机维修类专业教师企业实践工作有据可依、有章可循，切实提高实践教学能力，促进教师"双师"素质的形成和专业发展。本书配有大量的训练样题与考核评分标准供读者学习和训练，可以用来指导教师进行企业实践。

职业院校专业教师企业实践培训与考核指南丛书

编委会

职业院校专业教师企业实践培训与考核指南——飞机维修类专业

研究与编写人员

舒底清　湖南省教育科学研究院

都昌兵　长沙航空职业技术学院

熊　纯　长沙航空职业技术学院

邱清竣　长沙航空职业技术学院

康小波　长沙航空职业技术学院

舒　毅　长沙航空职业技术学院

江　茫　长沙航空职业技术学院

韩国忠　中国人民解放军第 5719 工厂

卫俊巧　中国人民解放军第 5719 工厂

刘　林　长沙商贸旅游职业技术学院

《职业院校专业教师企业实践培训与考核指南》开发指导手册

一、《职业院校专业教师企业实践培训与考核指南》开发的背景与意义

（一）背景与意义

党的十八大以来，特别是《国家职业教育改革实施方案》颁布以来，我国职业教育改革发展走上了提质培优、增值赋能的快车道，职业教育面貌发生了格局性变化。

教师、教材、教法"三教"联动改革，其中推动和落实"三教"改革工作的主体是教师，教师队伍建设是职业院校培养优秀人才的重要基础。以习近平同志为核心的党中央高瞻远瞩、审时度势，立足新时代，将教育和教师工作提到了前所未有的政治高度，对建设高素质"双师型"教师队伍进行了决策部署。习近平总书记在全国教育大会上发表的重要讲话中指出，要"坚持把教师队伍建设作为基础工作"。《中共中央 国务院关于全面深化新时代教师队伍建设改革的意见》中提出，要"全面提高职业院校教师质量，建设一支高素质双师型的教师队伍"。《国家职业教育改革实施方案》第十二条提出，要"多措并举打造'双师型'教师队伍"。

目前，职业教育教师培养培训体系基本建成，教师管理制度逐步健全，教师地位及待遇稳步提高，教师素质能力显著提升，为职业教育改革发展提供了有力的人才保障和智力支撑。但是，国内职业院校引进教师时普遍注重高学

历,大部分教师直接从学校到学校,虽然专业理论知识很扎实,但实践工作经历不足,不熟悉企业生产组织方式、工艺流程,缺乏把握产业发展趋势的能力,难以满足教育与产业、学校与企业、专业设置与职业岗位、课程教材与职业标准、教学过程与生产过程深度对接的需要。因此,这些教师在承担专业核心课程教学任务时,尤其是实践方面的课程时往往会捉襟见肘。同时,具备理论教学和实践教学能力的"双师型"教师和教学团队短缺,已成为制约职业教育改革发展的瓶颈。

面对建设社会主义现代化强国、新时代国家职业教育改革的新形势、新要求,落实立德树人根本任务,深化职业教育教师队伍建设改革,提高教师教育教学能力和专业实践能力,优化专兼结合教师队伍结构,打造一支高素质"双师型"教师队伍,是职业教育教师队伍建设改革的一项紧迫任务。

近年来,从中央到地方陆续出台了一系列政策,教育部等七部门印发的《国家职业教育改革实施方案》《职业学校教师企业实践规定》和《深化新时代职业教育"双师型"教师队伍建设改革实施方案》等文件提出"落实教师 5 年一周期的全员轮训制度""没有企业工作经历的新任教师应先实践再上岗"等要求。

企业实践作为职业院校教师队伍建设的基础性工程,对推进职业院校教师专业发展、提高专业教学能力、提升人才培养质量具有极其重要的作用。同时,职业院校教师企业实践培训项目是职业院校教师素质提高计划的重要内容,是提高青年教师专业实践技能的必经之路,是开展专业实践教学活动的重要平台,是建设"双师型"教学团队的重要举措,是产学合作、工学结合的实现形式,是提升教师专业素质、提高教师队伍整体水平的保证,是专业建设和课程建设的需要,也是教师个人发展的需要。

近几年,湖南省职业院校教师素质提高计划均安排了教师进行企业实践。同时,各校每年均会安排教师企业实践,在培训内容、培训方式、培训管理和培训考核等方面做了很多有益尝试,取得了较好的效果。但是,教师企业实践工作仍面临很多问题,主要包括:

第一,培训需求与培训目标的匹配问题。教师的培训需求与企业实践岗位没有进行有效对接,导致实践岗位与教师的实际需求脱节,不能完全满足教师的培训需要。

第二,培训目标与培训内容的匹配问题。部分企业实践基地不能结合教师专业水平制定个性化的企业实践方案，培训目标比较模糊，不好评价和考核；培训内容与培训目标不能完全匹配，企业实践岗位及培训模块安排不够合理，部分职教师资培训基地尚缺乏对教师企业实践的系统考虑和资源保障，因而无法提供有针对性的实践内容。

第三，培训管理与培训考核的匹配问题。部分企业实践基地对教师企业实践认识不到位，培训方式和评价考核的随意性较大，带教师傅对传授给教师的岗位实践能力缺乏了解，导致对实践的目的、内容、效果评价等缺乏系统性规划，无法保证学员提高与教学相关的实践能力。

为了落实《职业学校教师企业实践规定》《国家职业教育改革实施方案》《湖南省职业教育改革实施方案》《湖南省教育厅关于加强新时代高等职业教育人才培养工作的若干意见》等文件精神，以及实现"到2022年，建立50个省级'双师型'教师培训基地；职业院校专业课教师(含实习指导教师)顶岗实践、挂职锻炼时间原则上每5年不少于6个月，或每2年不少于2个月；新入职专业教师不具备3年以上企业工作经历的，前3年须赴企业集中实践锻炼半年以上"的目标，亟待进一步建立和健全职业院校教师企业实践培训的长效机制，对接行业产业的发展趋势和要求，结合职业院校内涵建设的具体目标，合理构建"国家—省—校"三级教师企业实践培训体系，科学合理规划岗位实践培训内容及考核方式，有效组织与实施培训。因此，加快制定《职业院校专业教师企业实践培训与考核指南》(以下简称《指南》)，进一步规范和明确职业院校各专业教师企业实践的目标、内容、标准和考核评价等，有利于学校和实践基地共同明晰培训要求，促进实践培训体系的完善，确保企业实践的实效；有利于实施个性化的教师企业实践，提升教师实践教学水平，促进职业院校教师专业发展；有利于加强职业院校"双师型"教师队伍建设，推进教师教材教法改革。

(二)开发目标

通过校企共同开发教师企业实践培训与考核指南，主要解决以下问题：

(1)厘清专业教师企业实践能力要求，明确5年6个月一周期的企业实践培训的目标、内容、任务和预期成果。

(2)科学遴选企业实践培训基地，合理设计培训项目，规范进行培训过程考核评价和结业评价。

（3）指导学校、专业和教师有计划、科学安排教师进行企业实践，规范教师企业实践的管理，促进教师"双师"素质培养和学校"双师型"教师队伍的建设。

二、《指南》术语

（一）企业实践

《指南》中的企业实践，是指职业院校的专业课教师、实习实训指导教师走出学校，进入企业（行业）生产服务一线所进行的实践活动。其目的是促进职业院校教师实践能力的提高，主要包括：①了解企业文化、制度、生产组织方式、工艺流程、产业发展趋势等基本情况；②熟悉企业相关工作岗位（工种）职责、操作规范、技能要求、用人标准及管理制度等内容；③学习任教专业在生产实践中应用的新知识、新技能、新工艺、新方法；④结合企业生产实践和用人标准，不断完善专业人才培养方案、课程标准、教学方案，改进教学方法，积极开发新形态教材，切实加强职业院校实践教学环节，提高技术技能人才培养质量。本《指南》涉及的教师企业实践的形式，主要包括到企业考察观摩、接受企业技能培训、在企业的生产和管理岗位兼职或任职、参与企业产品研发和技术创新等。护理等医药卫生大类的专业，由于其特殊性，行业实践单位为医疗机构、母婴保健机构、老年健康照护机构、社区卫生服务中心等非企业单位，采用"行业标准"而非"企业标准"进行相关描述。

（二）培训与考核指南

《指南》是规范教师企业实践的指导性文件。它具体规定了培训目标与培训内容、培训任务与培训要求、培训形式与组织实施、培训考核与评价、培训条件与保障等内容。它是湖南省教师企业实践基地举行教师企业实践培训工作、学校组织实施教师企业实践培训工作的重要依据，也是专业教师企业实践的指导性文件和评价教师企业实践培训效果的重要依据。

（三）企业实践能力分析

本《指南》中的企业实践能力是指教师通过企业实践获得的与专业教学相

关的实践能力，是通过分析教师岗位所涉及的与专业相关的且能够通过企业实践培训而获得的完成职业领域中具体工作任务的能力。

(四) 企业实践基地

本《指南》所指的企业实践基地是指具有独立法人资格的企业，并且企业应在相应的专业教师实践岗位或领域具有公认的工作业绩和先进经验，代表行业先进水平，在本行业有较强的影响力，具有覆盖较广专业面的岗位群和产业链。企业应在区域内有一定的辐射作用，并有志于职业院校教师培养工作，有较强的社会责任感，有较好的校企合作基础，有较完整的工作设想和方案。

(五) 企业带教师傅

企业带教师傅一般是具有较强的表达能力、丰富带教经验的优秀企业业务骨干或技术能手，带教师傅应了解企业生产工艺流程，能够按照企业实践计划指导教师的岗位实践活动。企业带教师傅原则上应是具有中级以上专业技术职称或具有二级以上职业资格证书、在相关行业领域享有较高声誉和特殊技能的能工巧匠等。

三、《指南》开发思路

(一) 基本理念

1. 融入新标准新技术，突出先进性

中国特色职业教育体系建设和职业教育现代化，离不开改革发展，改革离不开创新。《指南》的开发，要坚持立德树人的思想，以先进的职业教育理念为指导，将技能提升与职业素养有机融合起来。同时，既要考虑融入新一代信息技术、数字化转型所需要的新知识和新技术，也要立足当下，脚踏实地学习传统产业中的传统知识、传统技术、传统技能。

2. 对接岗位规格要求，突出专业性

《指南》是职业院校教师在企业实践能力层面的具体化，是针对不同层次职业院校教师的要求而制定的。因此，在指南开发过程中，既要考虑教师应该具备的基本知识、基本理论和基本技能，也要考虑相应职业主要岗位和工作过程

的素质、知识与能力要求。

3.关注职业能力发展，突出持续性

以工作过程为导向或成果导向的职业教育不是以传授学科知识为目的，其宗旨是向学生传授工作过程知识，促进学生职业能力的形成；其教学内容不是以学科体系来构建，而是根据从"新手→生手→熟手→能手→高手"的职业能力发展阶段来建构；职业教育模式为理论与实践相结合的一体化模式。因此，应基于教师可持续发展理念来构建培训内容、培训方法和考核评价，促进职业院校教师"双师"素质的形成。

4.注重实践能力向教学能力转化，突出示范性

教师是反思性实践者，提倡职业院校教师培养遵循"行动→反思→学习→提高→行动"的思路，强化实践意识和反思中成长理念。在开发指南时，不仅要强调学科专业知识和能力的培养，还要重视职业教育知识与教学技能的训练，同时更要关注教师将专业实践能力转化为教学能力的培养。

5.坚持多方协同开发，突出多元性

《指南》的开发，既要考虑职业教育对教师教学能力的要求，又要考虑行业企业对教师专业能力的要求，还要考虑职业院校对教师的要求。因此，需要政府—学校—企业共同开发、论证，并在实践中不断修改完善。

（二）基本原则

1.科学性原则

《指南》的开发要遵循国家专业教学标准、"1+X"证书试点标准要求，切合职业院校教师专业发展实际，严格遵守开发规范。要本着科学、务实的态度，边开发、边探索、边完善。

2.规范性原则

《指南》的文字表达要准确、规范，层次要清晰，逻辑要严密，技术要求和专业术语应符合国家有关标准和技术规范，文本格式和内容应符合规定的要求。

3.实用性原则

《指南》要有利于职业院校的教师队伍发展，能适应企业岗位的实际需要，与职业标准(含职业技能等级标准)及专业教学标准相结合，各项内容、任务和

培训、考核要求应清晰明确，尽可能具体化、可评价、可操作。

4.示范性原则

《指南》要具有示范性，能反映科学技术进步和社会经济发展趋势，体现职业教育的发展趋势，要为企业创造性地实施教师企业实践培训和考核留出拓展空间。

(三)教师企业实践能力模型构成

教师企业实践能力模型构成示意图如下。

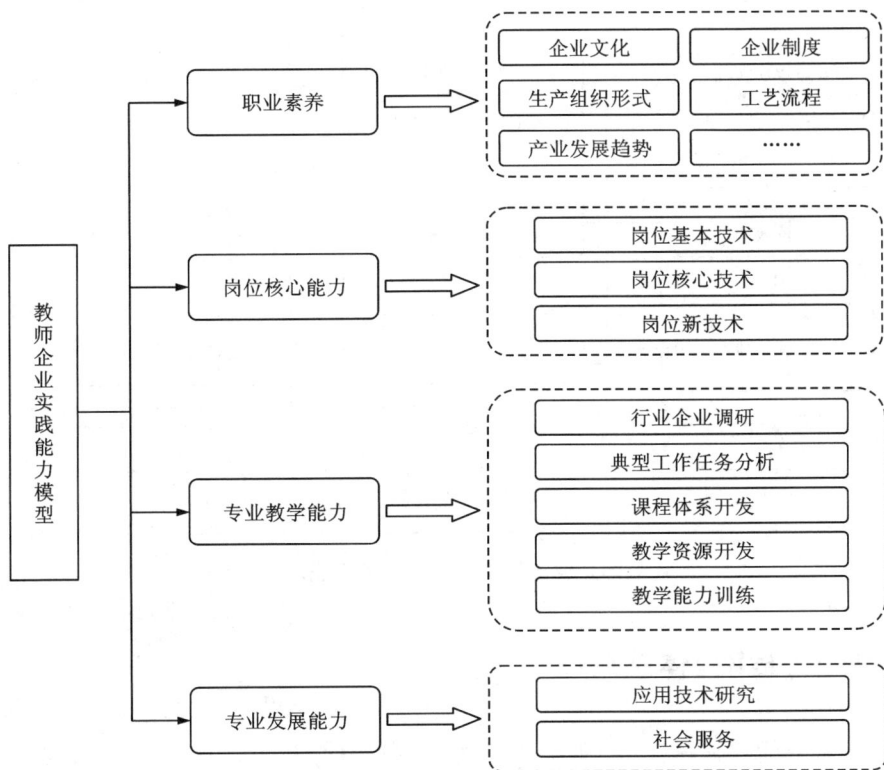

教师企业实践能力模型构成示意图

(四)教师企业实践指南开发的技术路线

教师企业实践指南开发的技术路线示意图如下。

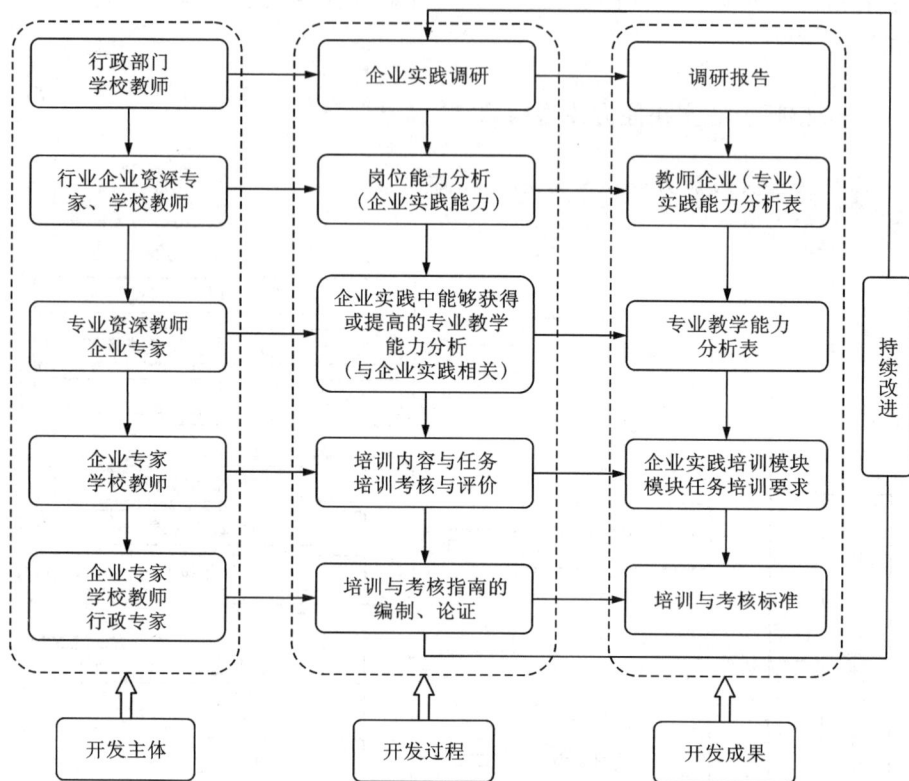

教师企业实践指南开发技术路线示意图

四、《指南》体系构成

本部分内容所阐述的"教师企业实践培训与考核指南体系构成"是《指南》共性约定及合格要求,在开发具体专业类教师企业实践培训指南时要结合各专业类特点进行个性化描述。

一、编制背景

二、编制依据

三、适用专业与培训对象

(一)适用专业

(二)培训对象

四、培训目标与培训内容

(一)培训目标

(二)培训内容

(三)培训方式与时间

五、企业实践能力要求

六、培训任务与培训要求

(一)培训任务

(二)培训要求

七、培训形式与组织实施

(一)培训形式

(二)培训实施方案

(三)组织实施

八、培训考核与评价

(一)过程考核

(二)结业考核

(三)考核成绩确定

九、培训条件与保障

(一)培训组织保障

(二)教学条件保障

(三)后勤生活保障

附录　技能考核项目及样题

后记

百年大计，教育为本；教育大计，教师为本。教师是立教之本、兴教之源，承担着让每个孩子健康成长，办好人民满意教育的重担。《国家职业教育改革实施方案》颁布以来，职业教育作为一种类型教育，走上了提质培优、增值赋能的快车道。在推进育人方式、办学模式、管理体制、办学机制改革的进程中，离不开高素质的教师队伍；深化教师、教材、教法"三教"改革，打造优质课堂，提高人才培养质量，更是离不开"能说会做"的"双师"素质教师。

国家历来重视教师队伍建设工作，尤其是关心职业院校教师的成长和发展，《国家教育事业发展"十三五"规划》《国家职业教育改革实施方案》《职业学校教师企业实践规定》和《深化新时代职业教育"双师型"教师队伍建设改革实施方案》等文件均对职业院校"双师型"教师队伍建设、"双师型"教师队伍培养体系建设等提出要求。而组织教师进行企业实践，是推进"双师型"教师队伍建设，实行工学结合、校企合作人才培养模式，提高职业教育质量的重要举措；教师定期到企业实践，是促进职业院校教师专业成长、提升教师实践能力的重要措施和有效方式。

目前，各地、各校均在组织教师企业实践工作中取得了一定的成效。但是存在以下问题。一是针对性不够。教师企业实践没有整体规划和分阶段安排，教师按照个人意愿进行企业实践，目的性不强，存在所学非所需情况。二是实效性不够。对于职业院校教师企业实践，学校、教师和企业在培训内容与要求、培训方式与管理、培训考核与评价等方面均缺乏系统性规划和科学合理的安排，导致参与培训的教师和接收培训的企业都比较迷茫，影响企业实践的效果。三是成果转化不够。教师企业实践结束后，教师可能因为资源转换能力不够的问题，未及时对企业实践成果进行总结、归纳和提炼，导致将企业实践成果转化为教学资源成果不够。为此，湖南省教育科学研究院职业教育与成人教育研究所组织学校和企业专家开展了"职业院校'双师型'教学团队建设"研究，开发"职业学校教师企业实践培训与考核指南丛书"，建立教师企业实践培训基地，连续5年在全省范围内实施教师企业实践国家级培训和省级培训项目，取得了良好的效果。

基于多年的实践，我们推出这套"职业院校专业教师企业实践培训与考核指南"丛书，为职业院校专业教师企业实践工作提供培训规范要求和考核评价标准，使教师企业实践工作有章可循、有规可依，有利于促进教师的专业实践能力提高和教育教学能力提升。

"职业院校专业教师企业实践培训与考核指南丛书"的编写，得到了湖南省教育厅、相关职业院校、企业领导、专家和广大教师的大力支持、帮助和指导，在此表示衷心的感谢！

我们希望本套丛书能够为相关专业教师企业实践提供指导，切实提升专业实践能力和专业教学能力，成为名副其实的"能说会做"优秀职教"双师"。

丛书编委会

2021 年 8 月

CONTENTS 目 录

一、编制背景 1

二、编制依据 2

三、适用专业与培训对象 3

    (一)适用专业 3
    (二)培训对象 3

四、培训目标与培训内容 4

    (一)培训目标 4
    (二)培训内容 4
    (三)培训方式与时间 4

五、企业实践能力要求 5

六、培训任务与培训要求 12

    (一)培训任务 12
    (二)培训要求 18
        1. 模块一：职业素养 18
        2. 模块二：岗位核心能力 22
        3. 模块三：专业教学能力 42
        4. 模块四：专业发展能力 49

七、培训形式与组织实施 51
　　(一)培训形式 51
　　(二)培训实施方案 51
　　(三)组织实施 52

八、培训考核与评价 54
　　(一)过程考核 54
　　(二)结业考核 54
　　(三)考核成绩确定 54

九、培训条件与保障 56
　　(一)培训组织保障 56
　　(二)教学条件保障 56
　　　　1. 职业素养模块 56
　　　　2. 岗位核心能力模块 57
　　　　3. 专业教学能力模块 57
　　　　4. 专业发展能力模块 58
　　(三)后勤生活保障 58
　　　　1. 餐饮服务 58
　　　　2. 住宿条件 58
　　　　3. 安全防护 59
　　　　4. 医疗保障 59
　　　　5. 培训管理 59
　　　　6. 交通保障 59

附录　技能考核项目及样题 60
　　附录一　技能考核项目 60
　　附录二　操作流程与考核评分标准 63
　　附录三　结业考核评分标准 168
　　附录四　样题 169
　　附录五　样题题例 189

参考文献 192

后记 193

一、编制背景

根据《国家职业教育改革实施方案》《职业学校教师企业实践规定》《湖南省职业教育改革实施方案》《湖南省教育厅关于加强新时代高等职业教育人才培养工作的若干意见》等文件精神，为认真执行"职业院校、应用型本科高校教师每年至少 1 个月在企业或实训基地实训，落实教师 5 年一周期的全员轮训制度""到 2022 年，职业院校专业课教师（含实习指导教师）顶岗实践、挂职锻炼时间原则上每 5 年不少于 6 个月，或每 2 年不少于 2 个月；新入职专业教师不具备 3 年以上企业工作经历的，前 3 年须赴企业集中实践锻炼半年以上"等要求，对接航空装备维修领域的发展趋势和岗位规格要求，建立和健全高职高专院校飞机维修类专业教师企业实践培训的长效机制，构建"国家—省—校"三级教师企业实践培训体系，科学合理地规划岗位实践培训内容及考核方式，有效组织培训实施，提升飞机维修类专业教师的双师素质，促进教师、教材、教法改革，特组织开发本《指南》。

▶ 二、编制依据

(1)《中共中央　国务院关于全面深化新时代教师队伍建设改革的意见》

(2)中共中央办公厅、国务院办公厅印发《关于分类推进人才评价机制改革的指导意见》(中办发〔2018〕6号)

(3)《国家职业教育改革实施方案》(国发〔2019〕4号)

(4)《教育部等四部门关于印发〈深化新时代职业教育"双师型"教师队伍建设改革实施方案〉的通知》(教师〔2019〕6号)

(5)《教育部等七部门关于印发〈职业学校教师企业实践规定〉的通知》(教师〔2016〕3号)

(6)空军装备部:《空军航空修理系统从业资格管理规定》

(7)空军装备部:《空军航空修理系统从业人员准入资格考核标准》

(8)空军装备部:《空军航空修理系统教育培训管理规定》

(9)中国民用航空局:《民用航空器维修培训机构合格审定规定》(CCAR-147)

(10)中国民用航空局:《民用航空器维修人员执照管理规则》(CCAR-66R3)

(11)中国民用航空局:《民用航空器维修单位合格审定规定》(CCAR-145R3)

三、适用专业与培训对象

（一）适用专业

本培训与考核标准适用于湖南省高职高专学校目前开设的飞机维修类专业，对应教育部 2015 年颁发的"高等职业院校专业目录"飞行器维修技术、航空发动机装试技术、航空发动机维修技术、通用航空器维修技术。

（二）培训对象

高职高专学校在岗的飞机维修类专业教师。具有与飞行器维修技术、航空发动机装试技术、航空发动机维修技术、通用航空器维修技术等专业对口的本科以上学历（学位），或有任教飞机维修类专业 1 年以上的教学经历。

▶ 四、培训目标与培训内容

（一）培训目标

飞机维修类专业教师通过定期到航空装备修理、制造企业实践，了解企业文化、工艺流程、岗位标准及人才培养规格要求，跟踪航空装备维修产业发展趋势和前沿知识，掌握岗位基本技能、核心技术和新技术，提高实践教学能力，促进教师双师素质的形成和专业发展。

（二）培训内容

飞机维修类专业教师企业实践的主要内容，包括了解航空装备维修企业的生产组织方式、工艺流程、产业发展趋势等基本情况，熟悉航空装备维修企业相关岗位职责、操作规范、技能要求、用人标准、管理制度、企业文化等，学习所教专业在航空装备维修生产实践中应用的新知识、新技术、新工艺、新材料、新设备、新标准等。

（三）培训方式与时间

培训方式：采用线上线下相结合的模式进行，对于企业的新知识、新理论等，可以通过专家讲座与学员在线学习相结合的形式完成；对于实践性项目，必须到企业的真实岗位上进行培训，并通过企业师傅的考核。

培训时间：5 年内进行 6 个月的企业实践，可以一次性完成，也可以交替完成或者分阶段完成。

五、企业实践能力要求

　　本《指南》所指的教师企业实践能力是指专业教师通过航空装备修理企业实践培训能够获得的与专业教学相关的实践能力。主要包括两个方面：一是获得完成职业岗位典型工作任务的胜任力（表5-1）；二是获得相应的专业教学能力（表5-2）。

表 5-1　飞机维修类专业教师企业实践能力分析表

工作领域	工作任务	行业实践能力描述
1 故障检查与分析	1-1 故障检查	1-1-1 能熟悉零部件故检流程
		1-1-2 能运用不同洗涤方法对零件进行清洁
		1-1-3 能熟练运用目视检测法
		1-1-4 能熟练运用 NDT（五大）检测法
		1-1-5 能根据零件的特征正确选择故检方法
		1-1-6 能识别典型零部件常见故障
		1-1-7 能按照规定流程进行故障处理
		1-1-8 能对故检后的零件进行后处理
	1-2 可维修性分析	1-2-1 能熟悉典型修理方法的差异和应用范围
		1-2-2 能了解不同模块典型产品的修理特性
		1-2-3 能判别典型故障是否可维修
		1-2-4 能对零部件进行差异性挂牌
		1-2-5 能填写故障处理单

续表5-1

工作领域	工作任务	行业实践能力描述
2 机体结构修理	2-1 钣金修理	2-1-1 能够熟练使用钣金加工工具
		2-1-2 能够掌握样板在钣件制作过程中的使用方法
		2-1-3 能使用钣金工具完成飞机钣件收、放边工作
		2-1-4 能够使用手动、电动折边机完成飞机钣件弯折工作
		2-1-5 能够使用钣金工具完成飞机钣件拱曲工作
		2-1-6 能够使用钣金工具完成飞机钣件拔缘工作
		2-1-7 能够依据图纸规定要求对钣件进行校正
		2-1-8 能够计算钣件展开料尺寸
		2-1-9 能对手工弯曲件进行测量
		2-1-10 能对收、放边操作中产生的质量故障进行分析和排除
		2-1-11 能对拔缘操作过程中的常见质量故障进行分析和排除
		2-1-12 能对拱曲过程中产生的质量问题进行分析和排除
	2-2 铆接修理	2-2-1 能够熟练使用冲击铆接工具及设备
		2-2-2 能够掌握结构修理工艺流程
		2-2-3 能够排除制孔过程中常见的质量故障
		2-2-4 能够排除制窝过程中常见的质量故障
		2-2-5 能够排除铆接过程中常见的质量故障
		2-2-6 能够排除铆钉分解过程中的质量故障
		2-2-7 能够掌握对缝间隙修合的操作方法
		2-2-8 能够根据损伤状况制订修理方案
		2-2-9 能够根据加工图纸进行划线、下料
		2-2-10 能够掌握结构件更换原则
		2-2-11 能够掌握铆钉选用原则
		2-2-12 能够掌握铝制金属零件的修理方法

续表5-1

工作领域	工作任务	行业实践能力描述
3 部附件修理	3-1 部附件修理	3-1-1 能识读发动机部件修理的相关技术文件、通报和通知
		3-1-2 能掌握典型关键重要件修理的检验标准和方法
		3-1-3 能掌握发动机部件修理中过程检验、全数检验等检验流程
		3-1-4 能根据卷宗和履历本对发动机部件进行检查
		3-1-5 能根据技术要求对零部件进行清洗
		3-1-6 能根据技术要求及注意事项进行发动机部件的修理
		3-1-7 能掌握修理过程中防火安全和防静电规程
		3-1-8 能根据技术安全规定正确使用气压、液压和电动装置等
		3-1-9 能根据要求对修理过程中组合零件的配合进行计算
		3-1-10 能使用电子秤对叶片进行称重
		3-1-11 能根据技术要求对叶片进行排序
		3-1-12 能完成发动机典型部件修理装配工作
		3-1-13 能完成发动机典型附件修理、试验工作
	3-2 部附件装配	3-2-1 能掌握发动机装配中过程检验、全数检验等检验流程
		3-2-2 掌握典型关键重要件装配的检验标准和方法
		3-2-3 能识读发动机装配的相关技术文件、通报和通知
		3-2-4 能根据卷宗和履历本对单元体进行检查
		3-2-5 能根据技术要求对零部件进行清洗
		3-2-6 能根据技术要求及注意事项进行发动机部附件装配
		3-2-7 掌握装配过程中防火安全及防静电规程
		3-2-8 能根据技术安全规定正确使用气压、液压和电动装置等
		3-2-9 能根据要求对装配过程中组合零件的配合进行计算
		3-2-10 能根据技术要求完成小附件的分解与装配
		3-2-11 能根据技术要求完成导管的装配
		3-2-12 能根据技术要求对管路接头实施保险丝保险
		3-2-13 能根据技术要求对固定螺栓实施锁片保险

续表5-1

工作领域	工作任务	行业实践能力描述
3 部附件修理	3-3 增材修复	3-3-1 能够根据零部件的情况，完整实施等离子喷涂
		3-3-2 能够根据零部件的损伤情况，完整实施 3D 打印
		3-3-3 能够根据零部件的磨损情况，完整实施微弧等离子焊接
		3-3-4 能够根据转子的情况，完整实施转子堆叠系统测量装配
		3-3-5 能够根据工艺要求，对叶片实施智能化抛光
		3-3-6 能够根据复合材料零部件的情况，按照工艺实施红外检测
4 试车	4-1 台架维护	4-1-1 能对台架燃油系统进行维护和使用
		4-1-2 能对台架液压系统进行维护和使用
		4-1-3 能对台架油封系统进行维护和使用
	4-2 试车检验	4-2-1 能进行发动机在台架上的安装
		4-2-2 能进行发动机在台架上的拆卸
		4-2-3 能完成发动机试车前的准备工作
		4-2-4 能处置试车中的应急情况
		4-2-5 能操作发动机第一遍试车
		4-2-6 能操作发动机第二遍试车
		4-2-7 能计算发动机各状态性能参数
	4-3 参数调整	4-3-1 能调整慢车转速
		4-3-2 能调整最大状态转速
		4-3-3 能调整起动放气活门转速
		4-3-4 能调整滑油压力
		4-3-5 能调整卸荷腔压力
		4-3-6 能调整后支承吹风压力
		4-3-7 能调整加力点火时间
	4-4 故障排除	4-4-1 能排除慢车到最大状态加速性故障
		4-4-2 能排除最大状态到 90% 的减速性故障
		4-4-3 能排除自动起动温度高故障
		4-4-4 能排除起动喘振故障
		4-4-5 能排除最大状态推力小故障
		4-4-6 能排除全加力状态推力小故障
		4-4-7 能排除接通加力 P4、T4 急降量大故障

续表5-1

工作领域	工作任务	行业实践能力描述
5 外场维护	5-1 航后维护	5-1-1 能熟练按路线对飞机进行飞行后检查
		5-1-2 能排除在飞行后检查中发现的故障
		5-1-3 能按规定完成飞机在飞行中消耗的燃油、滑油和特种液体的加添及气体的灌充等工作
		5-1-4 能正确完成飞机的清洁、润滑等基本维护工作
		5-1-5 能根据飞行任务准备附加设备,为下次飞行做好准备
	5-2 航前维护	5-2-1 能熟练按路线对飞机进行飞行前检查,保证飞机以良好状态起飞
		5-2-2 能完成燃油、滑油、特种液体和气体充添等的检查工作
		5-2-3 能熟练完成输入、装订和校准导航、通信等系统的数据或程序的工作
		5-2-4 能根据飞行任务安装附加设备、装载货物
		5-2-5 能规范地填写相关放飞资料
	5-3 过站维护	5-3-1 能熟练完成飞机着陆后的接机工作
		5-3-2 能按路线完成再次飞行前检查并排除故障
		5-3-3 能按规定完成飞机在飞行中消耗的燃料、滑油和特种液体的加添及气体的灌充等工作
		5-3-4 能熟练完成飞机起飞前的准备工作

表 5-2　飞机维修类专业教师专业教学能力分析表

工作领域	工作任务	专业教学能力描述
1 典型工作任务分析	1-1 岗位分析	1-1-1 能制订调研方案并实施飞机维修类专业就业岗位调研
		1-1-2 能对调研资料进行整理和分析
	1-2 典型工作任务分析	1-2-1 能组织或参与飞机维修类专业岗位能力需求分析
		1-2-2 能组织或参与飞机维修类专业实践专家访谈会
		1-2-3 能进行飞机维修类专业典型工作任务分析
2 工作任务转化为教学内容	2-1 将工作任务融入标准	2-1-1 能根据调研结果和岗位能力需求分析情况优化飞机维修类专业或任教课程培养目标
		2-1-2 能根据典型工作任务分析结果优化飞机维修类专业课程体系或任教课程内容结构
		2-1-3 能根据飞机维修服务领域职业能力标准优化课程标准、技能考核标准和实践教学内容
	2-2 将标准落实于教学中	2-2-1 能根据课程标准设计优化实践教学项目、教学目标、教案、操作流程、评价标准等
		2-2-2 能根据课程标准要求开发实践教学教材
		2-2-3 能根据实践性教学要求指导学生工厂见习或毕业实习
3 教学资源开发	3-1 收集教学案例	3-1-1 能根据课程教学需要，搜集维修实际案例资料和相关维修方法
		3-1-2 能根据飞机维修操作流程、评价标准等，优化相关实践教学流程和评价要求
	3-2 开发教学资源	3-2-1 能基于飞机维修工作实际案例开发教学案例
		3-2-2 能基于飞机维修工作要求开发满足教学需要的信息化、数字化教学资源

续表5-2

工作领域	工作任务	专业教学能力描述
4 教学能力培训	4-1 优化教学设计	能够基于飞机维修实际工作岗位胜任力要求，遵循学生认知规律，体现先进教育思想和教学理念，优化教学内容、教学过程、教学评价等设计，规范书写教案
	4-2 组织课堂教学	能够按照教学设计实施教学，关注技术技能教学重点、难点的解决，针对学习和实践反馈及时调整教学，突出以学生为中心，强调知行合一，实行因材施教；针对不同学生的特点，体现灵活的教学组织形式；教学环境满足需求，教学活动安全有序，教学互动深入有效，教学气氛生动活泼
	4-3 实施教学评价	能够关注教与学全过程的信息采集，针对目标要求开展教学与实践的考核与评价；合理运用云计算、大数据、物联网、虚拟仿真、增强现实、人工智能、区块链等信息技术以及数字资源、信息化教学设施设备改造传统教学与实践方式，提高管理成效
	4-4 教学反思与整改	能够从课堂教学实施的流畅度、教学目标达成度、学生的满意度与成长度等方面，深刻反思理论、实践教与学的成效与不足，提出教学设计与课堂实施的改进设想

六、培训任务与培训要求

（一）培训任务

飞机维修类专业教师企业实践的培训内容共包括 4 个模块 17 个项目和 117 项任务（表 6-1）。

在进行企业实践前，教师可根据自己任教的课程和本次实践的时间选择培训的项目和任务，"职业素养"模块的内容为每年必须培训的内容，其余模块的任务在 5 年内完成一轮培训。

表 6-1　航空装备维修类专业教师企业实践培训任务一览表

培训模块	培训项目	培训任务	培训时量 /天
1 职业素养	1-1 企业文化	1-1-1 企业历史与发展文化	0.5
		1-1-2 企业品牌文化	
		1-1-3 企业精神与理念	
		1-1-4 企业服务与管理	
	1-2 企业制度	1-2-1 法律与政策	0.5
		1-2-2 企业员工守则	
		1-2-3 企业管理制度	
		1-2-4 企业保密制度	
	1-3 岗位规范	1-3-1 岗位劳动规范	0.5
		1-3-2 岗位员工规范	
		1-3-3 岗位安全规范	
	1-4 政策法规	1-4-1 航空装备维修行业政策解读	0.5
		1-4-2 航空装备维修行业发展前景	
小计	4 个项目	13 项任务	2

续表6-1

培训模块	培训项目	培训任务	培训时量/天
2 岗位核心能力	2-1 故障检查与分析	2-1-1 零部件的预清洗	24
		2-1-2 典型零部件目视检测	
		2-1-3 典型零部件渗透检测	
		2-1-4 典型零部件磁粉检测	
		2-1-5 典型零部件涡流检测	
		2-1-6 典型零部件超声检测	
		2-1-7 典型零部件射线检测	
		2-1-8 零部件的故检后处理	
	2-2 机体结构修理	2-2-1 钣件弯折展开料计算	24
		2-2-2 钣材弯折	
		2-2-3 划线与下料	
		2-2-4 钣材剪切	
		2-2-5 钣件收边	
		2-2-6 钣件放边	
		2-2-7 内拔缘	
		2-2-8 外拔缘	
		2-2-9 冷拱曲	
		2-2-10 板材表面钻孔	
		2-2-11 锪窝	
		2-2-12 板材连接	
		2-2-13 去除板料余量	
		2-2-14 挖孔	
		2-2-15 铆钉拆除	
		2-2-16 铆钉布局	
		2-2-17 制铆	

续表6-1

培训模块	培训项目	培训任务	培训时量/天
2 岗位核心能力	2-3 部附件修理	2-3-1 叶片的分解与装配	24
		2-3-2 叶片的称重与排序	
		2-3-3 导向器组件的修理	
		2-3-4 机匣内套及火焰筒的修理	
		2-3-5 燃油总管的修理	
		2-3-6 燃油喷嘴的修理	
		2-3-7 主燃烧室外部小附件的修理	
		2-3-8 操纵组件的修理	
		2-3-9 调节组件的修理	
		2-3-10 供油组件的修理	
		2-3-11 压气机转子的吊装	
		2-3-12 数据的测量	
		2-3-13 中介机匣及零组件的装配	
		2-3-14 附件的装配	
		2-3-15 导管的装配	

续表6-1

培训模块	培训项目	培训任务	培训时量/天
2 岗位核心能力	2-4 试车	2-4-1 台架燃油系统的使用与维护	24
		2-4-2 台架液压系统的使用与维护	
		2-4-3 作动筒油封系统使用与维护	
		2-4-4 加力吹风系统使用与维护	
		2-4-5 发动机在台架上的安装与拆卸	
		2-4-6 发动机试车前的准备	
		2-4-7 次紧急情况应急处置	
		2-4-8 紧急情况应急处置	
		2-4-9 发动机第一遍试车	
		2-4-10 发动机第二遍试车	
		2-4-11 检查与调整慢车转速	
		2-4-12 检查与调整最大转速	
		2-4-13 检查与调整放气活门转速	
		2-4-14 检查与调整滑油压力	
		2-4-15 检查与调整卸荷腔压力	
		2-4-16 检查与调整加力点火时间	
		2-4-17 排除加减速性故障	
		2-4-18 排除起动温度高故障	
		2-4-19 排除起动喘振故障	
		2-4-20 排除最大状态推力小故障	
		2-4-21 排除全加力状态推力小故障	
		2-4-22 排除接通加力 P4、T4 急降量大故障	

续表6-1

培训模块	培训项目	培训任务	培训时量/天
2 岗位核心能力	2-5 外场维护	2-5-1 飞机路线检查	24
		2-5-2 燃油检查与添加	
		2-5-3 滑油检查与添加	
		2-5-4 液压油检查与添加	
		2-5-5 轮胎气压测量与充添	
		2-5-6 起落架支柱气压测量与充添	
		2-5-7 蓄压器工作气压测量与充添	
		2-5-8 轮胎检查与更换	
		2-5-9 刹车片检查与更换	
		2-5-10 减速伞安装与检查	
		2-5-11 数据管理器加载	
		2-5-12 通信数据加载	
		2-5-13 惯性导航系统校对	
		2-5-14 飞机着陆接机	
		2-5-15 飞机放飞	
		2-5-16 履历文件、放飞单等维修资料填写	
	2-6 航空维修新技术	2-6-1 等离子喷涂	24
		2-6-2 3D 打印	
		2-6-3 微弧等离子焊	
		2-6-4 转子堆叠系统测量	
		2-6-5 智能化抛光	
		2-6-6 复合材料红外检测	
小计	6 个项目	84 项任务	144

续表6-1

培训模块	培训项目	培训任务	培训时量/天
3 专业教学能力	3-1 行业企业调研	3-1-1 制订飞机维修类专业调研方案	24
		3-1-2 实施飞机维修类专业调研活动	
		3-1-3 书写飞机维修类专业调研报告	
	3-2 典型工作任务分析	3-2-1 制订实践专家访谈会方案	
		3-2-2 组织实践专家访谈会	
		3-2-3 专家访谈会总结	
	3-3 课程体系开发	3-3-1 确定飞机维修类专业课程结构	
		3-3-2 设计飞机维修类专业课程体系	
		3-3-3 开发飞机维修类专业课程标准	
	3-4 教学资源开发	3-4-1 收集飞机维修类专业教学案例	
		3-4-2 开发飞机维修类专业教学案例	
		3-4-3 开发飞机维修类专业教学资源	
	3-5 教学能力训练	3-5-1 优化教学设计	
		3-5-2 组织课堂教学	
		3-5-3 实施教学评价	
		3-5-4 教学反思与诊改	
小计	5 个项目	16 项任务	24
4 专业发展能力	4-1 应用技术研究	4-1-1 航空装备维修工具优化设计	5
		4-1-2 航空装备维修工艺优化设计	
	4-2 社会服务	4-2-1 航空文化传播	5
		4-2-2 飞机维修类专业技术支持	
小计	2 个项目	4 项任务	10
合计	17 个项目	117 项任务	180

（二）培训要求

1. 模块一：职业素养

本模块主要包括企业文化、企业制度、岗位规范、政策法规方面的内容。
（1）项目1-1：企业文化

企业文化的培训主要包括企业文化与发展历史、企业品牌文化、企业精神与理念、企业服务与管理等内容。具体培训任务及要求见表6-2。

表6-2　企业文化项目培训任务及要求一览表

项目1-1：企业文化

任务描述：通过学习企业发展历史、品牌文化、质量文化、发展愿景、价值观等，学员了解行业发展历史、航空装备维修文化、企业精神与生产理念，能够将企业先进文化内化于心外化于形，并思考如何将企业文化融入日常教学

培训时量：0.5天

培训任务	培训目标	训练内容	培训地点	培训形式	培训时量/天
企业文化与发展历史	能够了解企业发展历史和内涵文化	①企业发展历史 ②企业内涵文化 ③企业质量文化	企业	讲授讨论	0.5
企业品牌文化	了解企业主流品牌及相应文化	①企业品牌价值 ②品牌内涵文化	企业	讲授讨论	
企业精神与理念	了解企业传承精神和创新理念	①企业传承精神 ②企业创新理念	企业	讲授讨论	
企业服务与管理	企业服务项目与企业生产管理	①企业服务项目 ②企业生产管理	企业	讲授讨论	

考核方式：项目综合考核

预期成果	考核评价要求
学习心得	根据当天的学习内容，结合自己的教学实际情况，反思在以后的教学中如何进一步融入航修文化与企业文化，传播企业价值观、质量观

（2）项目1-2：企业制度

企业制度的培训主要包括法律与政策、企业员工手册、企业管理制度、企业保密制度等内容。具体培训任务及要求见表6-3。

表6-3 企业制度项目培训任务及要求一览表

项目1-2：企业制度

任务描述：通过学习相关法律与政策、企业员工手册、企业管理制度、企业保密制度等，学员了解行业相关法律与政策，了解企业组织结构、岗位工作职责、管理制度、工作流程等

培训时量：1.5天

培训任务	培训目标	训练内容	培训地点	培训形式	培训时量/天
法律与政策	能够了解行业相关法律及国家相应政策	①行业相关法律 ②航空装备修理相关标准与法规	企业	讲授讨论	
企业员工手册	了解企业员工手册	①企业员工手册 ②航空装备修理关键核心岗位职责	企业	讲授讨论	1.5
企业管理制度	了解企业管理制度和工作流程	①企业生产管理制度 ②质量管理法规 ③安全生产法规	企业	讲授讨论	
企业保密制度	掌握航空装备修理企业保密制度	①保密法 ②企业保密制度	企业	讲授讨论	

考核方式：项目综合考核

预期成果	考核评价要求
学习心得	根据当天的学习内容，总结企业制度，并结合自己的教学实际情况，反思在以后的教学中如何进一步融入企业制度和保密制度内容

（3）项目1-3：岗位规范

岗位规范的培训主要包括岗位职责、岗位任职资格、生产管理规定和技术规程等内容。具体培训任务及要求见表6-4。

表6-4　岗位规范项目培训任务及要求一览表

项目1-3：岗位规范

任务描述：通过学习岗位职责、岗位任职资格、生产管理规定和技术规程等，学员了解岗位规范、职责等

培训时量：0.5天

培训任务	培训目标	训练内容	培训地点	培训形式	培训时量/天
岗位职责	了解岗位应承担的生产任务和应负的责任	①承担的生产任务 ②应负的责任 ③应达到的标准	企业	讲授讨论	
岗位任职资格	了解企业相关岗位任职资格及具体能力要求	①思想政治与职业道德 ②专业知识 ③身体条件	企业	讲授讨论	
生产管理规定	了解具体岗位的生产管理相关标准及要求	①生产任务周期 ②工时计算 ③"三工序"	企业	讲授讨论	0.5
技术规程	了解飞机修理具体岗位生产技术规程	①工作程序 ②技术标准 ③操作规范 ④安全生产	企业	讲授讨论	

考核方式：项目综合考核

预期成果	考核评价要求
岗位分析报告	根据所学岗位规范，结合企业实际运营情况，选择航空装备修理某一具体核心岗位，从岗位描述、任职要求、岗位职责、薪资水平、职业前景和社会责任等方面出发，撰写一份岗位分析报告

（4）项目1-4：政策法规

政策法规的培训主要包括航空装备维修行业政策解读、航空装备维修行业发展前景等内容。具体培训任务及要求见表6-5。

表6-5 政策法规项目培训任务及要求一览表

项目1-4：政策法规

任务描述：通过学习航空装备维修行业政策法规，学员了解航空装备维修发展前景

培训时量：0.5天

培训任务	培训目标	训练内容	培训地点	培训形式	培训时量/天
航空装备维修行业政策解读	了解航空装备维修行业相关政策	①行业政策 ②政策解读	企业	讲授讨论	0.5
航空装备维修行业发展前景	了解航空装备维修行业国内外发展前景	①国内发展前景 ②国外发展前景	企业	讲授讨论	

考核方式：项目综合考核

预期成果	考核评价要求
心得体会	基于所学飞机维修政策法规知识，结合我国国情与行业前景，分析飞机维修行业的现状和未来，撰写心得体会，制作PPT并进行汇报

2. 模块二：岗位核心能力

本模块主要包括故障检查与分析、机体结构与修理、部附件修理、试车、外场维护、航空装备维修新技术方面的内容。

（1）项目 2-1：故障检查与分析

故障检查与分析培训任务主要包括典型零部件的预清洗、目视检测、渗透检测、磁粉检测、涡流检测、超声检测、射线检测等内容。具体培训任务及要求见表 6-6。

表 6-6　故障检查与分析岗位核心能力培训任务及要求一览表

项目 2-1：故障检查与分析

任务描述：通过典型零部件故障检查与分析的学习，学员掌握典型零部件的预清洗、目视检测、渗透检测、磁粉检测、涡流检测、超声检测、射线检测的基本知识和操作流程，能够个人或团队合作规范完成典型零部件的故障检查与分析，签署检测报告，检测结果可靠有效

培训时量：24 天

培训任务	培训目标	训练内容	培训地点	培训形式	培训时量/天
零部件预清洗	能够选择合适的清洗剂清洗零部件	①选择合适的清洗剂 ②清洗零部件	生产现场	理论讲解、操作示范、实操练习	1
典型零部件目视检测	能够对典型零部件进行目视检测	①正确使用目视检测仪器设备 ②进行目视探伤 ③正确记录探伤结果 ④出具检测报告	生产现场	理论讲解、操作示范、实操练习	3
典型零部件渗透检测	能够运用渗透检测技术对典型零部件进行渗透探伤	①选用合适的渗透检测方法 ②正确使用渗透检测设备 ③正确实施渗透检测 ④正确记录探伤结果 ⑤出具检测报告	生产现场	理论讲解、操作示范、实操练习	4

续表6-6

培训任务	培训目标	训练内容	培训地点	培训形式	培训时量/天
典型零部件磁粉检测	能够运用磁粉检测技术对典型零部件进行磁粉探伤	①选用合适的磁粉探伤方法 ②检测仪器及设备的基本使用方法 ③正确实施磁粉探伤 ④正确记录探伤结果 ⑤根据检测结果出具检测报告	生产现场	理论讲解、操作示范、实操练习	4
典型零部件涡流检测	能够运用涡流检测技术对典型零部件进行涡流探伤	①检测仪器及设备的基本使用方法 ②正确实施涡流探伤 ③正确记录探伤结果 ④根据检测结果出具检测报告	生产现场	理论讲解、操作示范、实操练习	4
典型零部件超声检测	能够运用超声检测技术对典型零部件进行超声探伤	①选用合适的超声探伤方法 ②检测仪器及设备的基本使用方法 ③正确实施超声探伤 ④正确记录探伤结果 ⑤根据检测结果出具检测报告	生产现场	理论讲解、操作示范、实操练习	4
典型零部件射线检测	能够运用射线检测技术对典型零部件进行射线探伤	①检测仪器及设备的基本使用方法 ②正确实施射线探伤 ③对已曝光的胶片进行暗室处理 ④正确评定射线底片 ⑤根据检测结果出具检测报告	生产现场	理论讲解、操作示范、实操练习	4

续表6-6

考核方式：项目综合考核	
预期成果	考核评价要求
故障检查与分析报告	以标准化航空零部件的形式，随机抽取一个故障航空零部件，根据故障类型，选择合适的检测方法，对零部件进行故障检查与分析，从操作者的职业素养、操作实施步骤、检测结果等方面进行评价，并考核其中1~2项典型任务，以及现场提问

（2）项目2-2：机体结构修理

机体结构修理培训任务主要包括飞机长桁的制作、飞机整流罩的制作、飞机框板件的制作、"Z"形挤压型材的修理、飞机机身蒙皮划伤的修理、飞机机身蒙皮破孔的修理等内容。具体培训任务及要求见表6-7。

表6-7 机体结构修理岗位核心能力培训任务及要求一览表

项目2-2：机体结构修理

任务描述：通过机体结构修理的学习，学员掌握飞机长桁的制作、飞机整流罩的制作、飞机框板件的制作、"Z"形挤压型材的修理、飞机机身蒙皮划伤的修理、飞机机身蒙皮破孔的修理的基本知识和操作流程，能够个人或团队合作规范完成飞机长桁的制作、飞机整流罩的制作、飞机框板件的制作、"Z"形挤压型材的修理、飞机机身蒙皮划伤的修理、飞机机身蒙皮破孔的修理，修理质量可靠

培训时量：24天

培训任务	培训目标	训练内容	培训地点	培训形式	培训时量/天
飞机长桁的制作	掌握单角、多角钣钣弯件的弯折制作	①直角、多角钣弯件展开料计算 ②生产样板检验 ③钣件手工弯折、折边机弯折、直角尺测量、折波钳折波	生产现场	理论讲解、操作示范、实操练习	4

续表6-7

培训任务	培训目标	训练内容	培训地点	培训形式	培训时量/天
飞机整流罩的制作	掌握飞机整流罩划线、剪切、下料方法；掌握拱曲操作方法	①拱曲件展开料计算 ②拱曲件制作过程中木榔头使用、模具使用、R角修整、橡皮打板使用 ③整流罩制作过程中涉及相关工艺要求和制作方法	生产现场	理论讲解、操作示范、实操练习	4
飞机框板件的制作	掌握飞机框板件划线、剪切、下料方法；掌握拔缘操作方法	①拔缘件展开料计算 ②木尖的使用 ③内拔缘操作、外拔缘操作	生产现场	理论讲解、操作示范、实操练习	4
"Z"形挤压型材的修理	掌握飞机结构中长桁自由边损伤、固死边损伤的修理方法	①垫板选用原则 ②平板件钻孔、锪窝、铆接	生产现场	理论讲解、操作示范、实操练习	4
飞机机身蒙皮划伤的修理	掌握飞机蒙皮允许损伤修理方法	①铆钉选择、布置 ②手工砂纸打磨划伤、打磨机打磨划伤 ③钣件直角弯折	生产现场	理论讲解、操作示范、实操练习	4
飞机机身蒙皮破孔的修理	掌握飞机蒙皮挖补修理方法	①平板钻排孔 ②锉余量去除 ③平板反铆连接两层板料	生产现场	理论讲解、操作示范、实操练习	4

考核方式：项目综合考核

预期成果	考核评价要求
机体结构修理（产品、工卡）	在实践操作中，要依据飞机机体结构修理的工艺技术要求，选取典型零件，根据零件的构造、工作原理及工艺要求，从现场管理、修理工艺、尺寸精度、工装工具等方面提出有利于提高修理质量的措施，并评估措施的有效性，考核其中1~2项典型任务，以及现场提问

(3)项目2-3：部附件修理

部附件修理培训任务主要包括叶片的分解与装配、叶片的称重与排序、导向器组件的修理、机匣内套及火焰筒的修理、燃油总管的修理、燃油喷嘴的修理、主燃烧室外部小附件的修理、操纵组件的修理、调节组件的修理、供油组件的修理、压气机转子的吊装、数据的测量、中介机匣及零组件的装配、附件的装配、发动机导管的装配等内容。具体培训任务及要求见表6-8。

表6-8　部附件修理岗位核心能力培训任务及要求一览表

项目2-3：部附件修理

任务描述：通过学习部附件修理技术，学员能够全面了解部附件修理全过程，掌握典型部附件修理方法，能够通过个人或团队合作以多种方式按照工艺规定要求完成部附件修理，从而提高发动机的使用率、安全性

培训时量：24天

培训任务	培训目标	掌握训练内容	培训地点	培训形式	培训时量/天
叶片的分解与装配	①能正确选择和使用工具对压气机叶片进行分解与装配②能正确选择和使用工具对涡轮叶片进行分解与装配③能识读叶片装配图	①掌握压气机工作原理、组成及功用②掌握涡轮工作原理、组成及功用③根据工艺要求进行压气机叶片的分解与装配④根据工艺要求进行涡轮叶片的分解与装配	生产现场	理论讲解、操作示范、实操练习	2
叶片的称重与排序	①能正确使用电子秤②能根据工艺要求对叶片进行称重③能根据工艺要求对称好的叶片进行排序④能根据转子的不平衡量对排好序的叶片按排序图的要求进行对调	①使用电子秤对压气机叶片进行称重②使用电子秤对涡轮叶片进行称重③根据工艺要求对称好的压气机叶片进行排序④根据工艺要求对称好的涡轮叶片进行排序⑤能根据转子的不平衡量对排好序的压气机叶片进行调整	生产现场	理论讲解、操作示范、实操练习	1

续表6-8

培训任务	培训目标	训练内容	培训地点	培训形式	培训时量/天

导向器组件的修理	①能识读导向器组件的施工工艺图 ②能根据工艺要求正确选择和使用工具 ③能根据技术要求对导向器组件进行分解与装配	①掌握导向器组件的工作原理、组成及功用 ②去除各连接处的保险 ③根据技术要求分解导向器组件 ④根据技术要求装配导向器组件 ⑤根据技术要求进行保险施工	生产现场	理论讲解、操作示范、实操练习	2
机匣内套及火焰筒的修理	①能识读机匣内套及火焰筒的施工工艺图 ②能根据工艺要求正确选择和使用工具 ③能根据技术要求对机匣内套及火焰筒进行分解与装配	①掌握机匣内套的工作原理、组成及功用 ②掌握火焰筒的工作原理、组成及功用 ③去除各连接处的保险 ④根据技术要求分解机匣内套 ⑤根据技术要求分解火焰筒 ⑥根据技术要求装配机匣内套 ⑦根据技术要求装配火焰筒 ⑧根据技术要求进行保险施工	生产现场	理论讲解、操作示范、实操练习	2
燃油总管的修理	①能识读燃油总管的施工工艺图 ②能根据工艺要求正确选择和使用工具 ③能根据技术要求对燃油总管进行分解与装配	①掌握燃油总管的工作原理、组成及功用 ②去除各连接处的保险 ③根据技术要求分解燃油总管并进行封堵 ④根据技术要求装配燃油总管 ⑤根据技术要求进行保险施工	生产现场	理论讲解、操作示范、实操练习	1

续表6-8

培训任务	培训目标	训练内容	培训地点	培训形式	培训时量/天
燃油喷嘴的修理	①能识读燃油喷嘴的施工工艺图 ②能根据工艺要求正确选择和使用工具 ③能根据技术要求对燃油喷嘴进行分解与装配	①掌握燃油喷嘴的工作原理、组成及功用 ②去除各连接处的保险 ③根据技术要求分解燃油喷嘴并进行封堵 ④根据技术要求装配燃油喷嘴 ⑤根据技术要求进行保险施工	生产现场	理论讲解、操作示范、实操练习	1
主燃烧室外部小附件的修理	①能识读主燃烧室外部各小附件的施工工艺图 ②能根据工艺要求正确选择和使用工具 ③能根据技术要求对主燃烧室外部小附件进行分解与装配	①掌握主燃烧室外部各小附件的工作原理、组成及功用 ②去除各连接处的保险 ③根据技术要求分解主燃烧室外部小附件并进行封堵 ④根据技术要求装配主燃烧室外部小附件 ⑤根据技术要求进行保险施工	生产现场	理论讲解、操作示范、实操练习	2
操纵组件的修理	①能识读操纵组件的施工工艺图 ②能根据工艺要求正确选择和使用工具 ③能根据技术要求对操纵组件进行分解与装配	①掌握操纵组件的工作原理、组成及功用 ②去除各连接处的保险 ③根据技术要求分解操纵组件并进行封堵 ④根据技术要求装配操纵组件 ⑤根据技术要求进行保险施工	生产现场	理论讲解、操作示范、实操练习	2

续表6-8

培训任务	培训目标	训练内容	培训地点	培训形式	培训时量/天
调节组件的修理	①能识读调节组件的施工工艺图 ②能根据工艺要求正确选择和使用工具 ③能根据技术要求对调节组件进行分解与装配	①掌握调节组件的工作原理、组成及功用 ②去除各连接处的保险 ③根据技术要求分解调节组件并进行封堵 ④根据技术要求装配调节组件 ⑤根据技术要求进行保险施工	生产现场	理论讲解、操作示范、实操练习	2
供油组件的修理	①能识读供油组件的施工工艺图 ②能根据工艺要求正确选择和使用工具 ③能根据技术要求对供油组件进行分解与装配	①掌握供油组件的工作原理、组成及功用 ②去除各连接处的保险 ③根据技术要求分解供油组件并进行封堵 ④根据技术要求装配供油组件 ⑤根据技术要求进行保险施工	生产现场	理论讲解、操作示范、实操练习	2
压气机转子的吊装	①能正确使用专用设备 ②能正确使用专用工装	①掌握压气机的工作原理、组成及功用 ②能正确地将压气机转子专用吊具安装到转子上 ③能使用行吊将压气机转子吊装到专用装配架上	生产现场	理论讲解、操作示范、实操练习	2

续表6-8

培训任务	培训目标	训练内容	培训地点	培训形式	培训时量/天
数据的测量	①会正确使用深度游标卡尺进行测量 ②会正确使用外径千分尺进行测量 ③会根据技术要求对测量的数据进行计算 ③会正确使用外径千分尺进行测量 ④会正确使用百分表进行测量	①使用深度游标卡尺测量压气机轴颈的长度、轴承外钢套的厚度 ②使用外径千分尺测量轴承的内钢套两个半环的厚度、衬套的厚度、封油环的厚度 ③根据测量的数据计算出调整垫的厚度 ④使用外径千分尺测量调整垫的厚度,根据计算结果选择合适的调整垫 ⑤使用百分表在测量平台上对预装配的零件进行跳动量的测量	生产现场	理论讲解、操作示范、实操练习	1
中介机匣及零组件的装配	①能正确使用专用设备 ②能正确使用专用工装 ③会正确使用深度游标卡尺进行测量 ④会正确使用力矩扳手磅紧力矩	①掌握中介机匣的工作原理、组成及功用 ②能正确地将中介机匣专用吊具安装到转子上 ③能使用行吊将压气机转子吊装到压气机轴颈上 ④使用加热设备对轴承的内钢套进行加热 ⑤根据技术要求将加热的轴承内钢套装配到压气机轴颈上 ⑥将外钢套、滚珠、保持架装配到中介机匣上 ⑦使用力矩扳手将固定螺栓拧紧到规定力矩值 ⑧根据技术要求,通过专用工装调整中介机匣与压气机之间的间隙 ⑨对固定螺栓实施锁片保险	生产现场	理论讲解、操作示范、实操练习	2

续表6-8

培训任务	培训目标	训练内容	培训地点	培训形式	培训时量/天
附件的装配	①能看懂各附件的施工工艺图 ②能根据要求正确选择和使用工具 ③能根据技术要求在发动机上装配各附件	①掌握发动机附件的结构、相关尺寸及装配方法 ②根据技术要求在发动机上装配附件 ③根据技术要求进行保险施工	生产现场	理论讲解、操作示范、实操练习	1
发动机导管的装配	①能识读发动机导管的装配图 ②能根据技术要求装配不同系统的导管 ③能根据要求正确选择和使用工具	①发动机不同系统导管的结构、相关尺寸、装配方法 ②发动机导管装配涉及的通用、专用工量具的使用 ③根据技术要求在导管上装配管夹 ④根据技术要求进行保险施工	生产现场	理论讲解、操作示范、实操练习	1

考核方式：项目综合考核

预期成果	考核评价要求
部附件修理(产品、工卡)	选取典型单元体进行修理，依据发动机部附件修理的工艺技术要求，根据单元体的构造、工作原理及工艺要求，从现场管理、装配工艺、尺寸精度、工装工具等方面提出有利于提高装配质量的措施，并评估措施的有效性，考核其中1~2项典型任务，以及现场提问

（4）项目2-4：试车

试车培训任务主要包括发动机在试车台架上的安装与拆卸、试车前的准备、发动机试车操作技术、发动机性能参数的调整、性能参数的计算、典型故障分析与排除、试车中应急情况处置等。具体培训任务及要求见表6-9。

表6-9　试车岗位核心能力培训任务及要求一览表

项目2-4：试车

任务描述：通过学习发动机试车技术，学员能够全面了解发动机试车全过程，学习发动机在试车台架上安装与拆卸、试车前的准备、发动机试车操作技术、发动机性能参数的调整和计算、典型故障分析与排除、试车中应急情况处置。掌握发动机试车技术，可将发动机的性能参数调整到最佳状态，性能发挥到最大潜力，从而提高发动机的使用率、安全性

培训时量：24天

培训任务	培训目标	训练内容	培训地点	培训形式	培训时量/天
台架燃油系统的使用与维护	①能识读燃油系统图、了解台架燃油系统工作原理②能对系统进行定期检查、维护及故障排除工作③能更换系统的流量计、传感器、过滤装置等元件	①系统工作原理、组成、功用及使用②系统维护检查技术要求③流量计、传感器、过滤装置等元件的拆装、检查、清洗等维护工作	生产现场	理论讲解、操作示范、实操练习	1
台架液压系统的使用与维护	①能识读液压系统图、了解台架液压系统工作原理②能对系统进行定期检查、维护及故障排除工作	①系统工作原理、组成、功用及使用②系统维护检查技术要求③流量计、传感器、过滤装置等元件的拆装、检查、清洗等工作	生产现场	理论讲解、操作示范、实操练习	1

续表6-9

培训任务	培训目标	训练内容	培训地点	培训形式	培训时量/天
作动筒油封系统的使用与维护	①能识读油封系统图、了解作动筒油封系统工作原理②能对系统进行定期检查、维护及故障排除工作	①系统工作原理、组成、功用及使用②系统维护检查、油滤拆装、检查、清洗等③油封泵拆装、系统调试	生产现场	讲解、操作示范、实操学习	2
加力吹风系统的使用与维护	①能识读吹风系统图、了解加力吹风系统工作原理②能对系统进行定期检查、维护、风量计算及故障排除工作	①系统工作原理、组成、功用②系统维护检查、使用③风量计算及故障排除	生产现场	讲解、操作示范、实操学习	2
发动机在试车台架上的安装与拆卸	①能完成发动机安装前的整理工作②能完成发动机、加力燃烧、进气道、液压泵、测量系统导管、传感器、热电偶的安装与拆卸工作	①发动机上台安装前的预装工作②安装的工作流程、技术要求及注意事项③发动机与加力燃烧室连接固定与拆卸④所有参数测量点安装与拆卸技术要求及注意事项⑤安装与拆卸后的质量检查工作	生产现场	理论讲解、操作示范、实操练习	2
发动机试车前的准备	①能完成发动机、飞机附件、测试管路、传感器、热电偶、供油管的安装检查工作②能正确选择发动机启封开关按钮、操作发动机启封、冷运转	①测试管路、传感器、热电偶的功用、测量原理②测试管路、传感器、热电偶及附件安装技术要求③启封、冷运转发动机各开关按钮的功用、开关按钮的正确选择④操作发动机进行启封、冷运转⑤启封、冷运转的工作流程、工作内容、检查目的及技术要求	生产现场	理论讲解、操作示范、实操练习	2

续表6-9

培训任务	培训目标	训练内容	培训地点	培训形式	培训时量/天
次紧急情况应急停车处置	能在试车中对以下次紧急情况进行处置： ①燃油增压泵出口燃油压力降低到极限值以下时 ②涡轮后排气温度增高有超过极限值的趋势 ③振动、转速值超过极限值时 ④转速或推力突然变化时 ⑤发动机出口滑油温度超过极限值时 ⑥信号灯闪亮不正常时 ⑦出现不正常的噪声和撞击声时 ⑧主要监控仪表不指示或指示异常时 ⑨试车规程规定的其他必须降转观察的异常情况时	①试车中出现次紧急情况之一者，应将油门操纵手柄迅速拉到"慢车"状态停留，若故障依然存在则应立即停车 ②若发动机停车后燃烧室内有余火，高压转子停转后应进行冷运转吹灭余火 ③停车后依据故障类型与现象分析并排除 ④未查明原因、故障未排除，严禁再次起动发动机	生产现场	理论讲解、操作示范、实操练习	2
紧急情况应急停车处置	能在试车中对以下紧急情况进行处置： ①起动时涡轮后燃气温度急剧升高超过允许值 ②起动时发动机喘振 ③发动机进口滑油压力下降低于允许值 ④发动机系统内或输油管路内漏燃油或滑油，有失火危险 ⑤高压压气机后卸荷腔压力升高超过允许值 ⑥主泵前的燃油压力下降低于允许值 ⑦传动机构内腔压力升高超过允许值 ⑧发动机起动、加速过程中出现喘振、爆音、转速悬挂等不正常现象	①试车中出现紧急情况之一者，应将油门操纵手柄迅速拉到"停车"位置 ②若发动机停车后燃烧室内有余火，高压转子停转后应进行冷运转吹灭余火 ③停车后依据故障类型和现象分析并排除 ④未查明原因、故障未排除时，严禁再次起动发动机	生产现场	理论讲解、操作示范、实操练习	2

续表6-9

培训任务	培训目标	训练内容	培训地点	培训形式	培训时量/天
第一遍试车	①能操作完成发动机的起动、控制发动机起动超温、喘振故障的发生并进行故障排除 ②能操作发动机检查喷口收放各凸轮的协动转速、喷口在最大与全加力转速差的检查 ③能完成0.8额定、最大状态性能录取并计算(转速、排气温度、推力、耗油量等) ④能规范操作发动机各状态加减速性检查 ⑤最小转速稳定性检查 ⑥发动机停车前的冷机及停车后工作	①发动机自动起动各参数的限制、操作方法、检查的参数、注意事项,以及起动出现超温和喘振等异常情况的处置 ②各协动凸轮控制喷口的转换及 Δn 转速差的检查操作方法、技术要求 ③录取0.8额定、最大状态性能及其他参数,并进行性能计算 ④到最大状态的加速性检查方法、检查内容、操作要领、注意事项,以及异常情况的处置 ⑤最小转速工作稳定性的检查方法、技术要求、注意事项、异常情况的处置 ⑥停车后高低压转子行程、转动异常声的分析判断 ⑦检查滑油位,测量喷口直径等	生产现场	理论讲解、操作示范、实操练习	3

续表6-9

培训任务	培训目标	训练内容	培训地点	培训形式	培训时量/天
第二遍车试车	①能操作完成发动机的起动，控制起动超温、喘振故障发生及故障排除 ②能操作发动机在90分钟内进入全加力状态，检查卸荷腔、涡轮后排气温度最高峰值 ③能录取全加力、小加力状态性能参数并完成计算 ④能操作油门手柄，检查喷口随动装置工作情况，以及加力状态加速性及空中起动 ⑤能按程序操作发动机 ⑥停车及停车后的工作	①发动机自动起动各参数的限制、操作方法、检查的参数、注意事项，以及起动出现超温和喘振等异常情况的处置 ②90秒进入全加力状态操作要领，以及转速、排气温度、卸荷腔压力等参数限制 ③录取全加力、小加力状态性能参数(转速、推力、耗油率、余气系数、台架点)并进行计算 ④喷口随动装置操作检查，以及加力各状态下的加速性检查方法、检查内容、操作要领、技术要求、异常情况处置及排除 ⑤停车后高低压转子行程、转动异常声的分析判断 ⑥检查滑油位并计算滑油消耗量，拆卸滑油滤并检查、清洗，加力喷口直径测量	生产现场	理论讲解、操作示范、实操练习	3

续表6-9

培训任务	培训目标	训练内容	培训地点	培训形式	培训时量/天
性能参数调整	①能检查调整慢车状态转速 ②能检查调整最大状态转速 ③能检查调整起动放气活门关闭转速 ④能检查调整滑油压力 ⑤能检查调整卸荷腔压力 ⑥能检查调整后支承吹风压力 ⑦能检查调整加力预燃室点火时间	①慢车状态转速调整原理、调整方法、技术要求 ②最大状态转速调整原理、调整方法、注意事项、技术要求 ③放气活门转速调整原理、调整方法、技术要求 ④滑油系统供油原理、调整方法、技术要求 ⑤卸荷腔的卸荷原理、调整方法、技术要求 ⑥后支承吹风冷却原理、调整方法、技术要求 ⑦加力点火开关控制原理分析、调整方法、技术要求	生产现场	理论讲解、操作示范、实操练习	2
故障排除	①能排除慢车到最大状态加速性故障 ②能排除最大状态到90%的减速性故障 ③能排除自动起动温度高故障 ④能排除发动机起动喘振故障 ⑤能排除最大状态推力小故障 ⑥能排除全加力状态推力小故障 ⑦能排除接通加力P4、T4急降量大故障	①加速性工作原理、案例分析、排除方法、技术要求 ②减速性工作原理、案例分析、排除方法、技术要求 ③起动供油量工作原理、案例分析、排除方法、技术要求 ④起动喘振原因、案例分析、排除方法、技术要求 ⑤最大状态喷口面积对推力影响、案例分析、排除方法、技术要求 ⑥加力状态喷口对推力影响、案例分析、排除方法、技术要求 ⑦喷口延时对P4、T4急降量影响、案例分析、排除方法、技术要求	生产现场	理论讲解、操作示范、实操练习	2

续表6-9

考核方式：项目综合考核	
预期成果	考核评价要求
试车及故障排除（工卡）	在实践操作中，要依据发动机试车工艺技术要求，从现场管理、发动机接收检查、安装、试车前准备、试车、性能调整、故障排除、试车中应急情况的处置等方面，提出有利于提高试车质量的措施，并评估措施的有效性，考核其中1~2项典型任务，以及现场提问

（5）项目2-5：外场维护

外场维护培训任务主要包括飞机绕机检查、燃油检查与添加、滑油检查与添加、液压油检查与添加、轮胎气压测量与充添、起落架支柱气压测量与充添、蓄压器工作气压测量与充添、轮胎检查与更换、刹车片检查与更换、减速伞安装与检查、数据管理器加载、通信数据加载、惯性导航系统校对、飞机着陆接机、飞机起飞前放飞、履历文件和飞机技术记录单等资料的填写等培训任务。具体培训任务及要求见表6-10。

表6-10 外场维护岗位核心能力培训任务及要求一览表

项目2-5：外场维护

任务描述：通过学习外场维护技术，学员掌握飞机绕机检查、燃油检查与添加、滑油检查与添加、液压油检查与添加、轮胎气压测量与充添、起落架支柱气压测量与充添、蓄压器工作气压测量与充添、轮胎检查与更换、刹车片检查与更换、减速伞安装与检查、数据管理器加载、通信数据加载、惯性导航系统校对、飞机着陆接机、飞机放飞、技术记录资料的填写等航线维护岗位基本知识和操作流程，能够个人或他团队合作规范完成外场维护工作，维护工作可靠

培训时量：24 天

培训任务	培训目标	训练内容	培训地点	培训形式	培训时量/天
飞机绕机检查	能够按路线、方法及标准完成飞机机体、发动机、起落架的外部检查	①飞机机体路线检查 ②发动机路线检查 ③起落架路线检查	试飞站	操作示教、小组讨论、现场操作	3

续表6-10

培训任务	培训目标	训练内容	培训地点	培训形式	培训时量/天
燃油检查与添加	能够按程序及技术要求完成燃油检查与添加	①燃油量检查 ②燃油质量检验 ③燃油添加	试飞站	操作示教、小组讨论、现场操作	1
滑油检查与添加	能够按程序及技术要求完成滑油检查与添加	①滑油量检查 ②滑油质量检验 ③滑油添加	试飞站	操作示教、小组讨论、现场操作	1
液压油检查与添加	能够按程序及技术要求完成液压油检查与添加	①液压油量检查 ②液压油质量检验 ③液压油添加	试飞站	操作示教、小组讨论、现场操作	1
轮胎气压测量与充添	能够按规定及技术要求完成轮胎气压的检查与充添	①轮胎气压测量 ②轮胎氮气充添 ③密封性检查	试飞站	操作示教、小组讨论、现场操作	1
起落架支柱气压测量与充添	能够按规定及技术要求完成起落架支柱气压的检查与充添	①起落架支柱气压测量 ②起落架氮气充添 ③密封性检查	试飞站	操作示教、小组讨论、现场操作	2
蓄压器工作气压测量与充添	能够按规定及技术要求完成蓄压器工作气压的检查与充添	①蓄压器工作气压测量 ②蓄压器氮气充添 ③密封性检查	试飞站	操作示教、小组讨论、现场操作	2
轮胎检查与更换	能够按工作单及技术要求完成轮胎检查与更换	①轮胎检查 ②轮胎更换 ③装机质量检验	试飞站	操作示教、小组讨论、现场操作	2
刹车片检查与更换	能够按工作单及技术要求完成刹车片检查与更换	①刹车片检查 ②刹车片更换 ③装机质量检验	试飞站	操作示教、小组讨论、现场操作	2
减速伞安装与检查	能够按工作单及技术要求完成减速伞安装与检查	①减速伞检查 ②减速伞装置检查 ③减速伞安装	试飞站	操作示教、小组讨论、现场操作	1

续表6-10

培训任务	培训目标	训练内容	培训地点	培训形式	培训时量/天
数据管理器加载	能够按工作单及技术要求完成数据管理器加载	①通电检查 ②数据管理器加载	试飞站	操作示教、小组讨论、现场操作	1
通信数据加载	能够按工作单及技术要求完成通信数据加载	①通电检查 ②通信数据加载	试飞站	操作示教、小组讨论、现场操作	1
惯性导航系统校对	能够按工作单及技术要求完成惯性导航系统校对	①通电检查 ②惯性导航系统校对	试飞站	操作示教、小组讨论、现场操作	1
飞机着陆接机	能够按程序完成飞机着陆接机	①着陆前准备 ②接机工作 ③飞机准备	试飞站	操作示教、小组讨论、现场操作	2
飞机起飞前放飞	能够按程序完成飞机起飞前放飞	①起飞前飞机准备 ②放飞工作 ③设备归位	试飞站	操作示教、小组讨论、现场操作	2
履历文件、飞机技术记录单等资料的填写	能够按规定及要求完成履历文件、飞机技术记录单等资料的填写	①维护工作记录 ②检查数据填写	试飞站	操作示教、小组讨论、现场操作	1

考核方式：项目综合考核

预期成果	考核评价要求
外场维护（产品、工卡）	在实践操作中，要依据外场维护工艺技术要求，从现场管理、职业素养养成、操作规范、核心能力掌握等方面，提出有利于提高外场维护质量的措施，并评估实践操作的有效性，考核其中1~2项典型任务，以及现场提问

（6）项目2-6：航空维修新技术

航空维修新技术培训任务主要包括等离子喷涂、3D打印、微弧等离子焊、转子堆叠系统测量、智能化抛光、复合材料红外检测等航空维修新技术内容。具体培训任务及要求见表6-11。

表 6-11　航空维修新技术岗位核心能力培训任务及要求一览表

项目 2-6：航空维修新技术

任务描述：通过航空核心能力维修新技术项目的学习，学员掌握等离子喷涂、3D 打印、微弧等离子焊、转子堆叠系统测量、智能化抛光、复合材料红外检测的基本知识和操作流程，能够个人或团队合作规范完成等离子喷涂、3D 打印、微弧等离子焊、转子堆叠系统测量、智能化抛光、复合材料红外检测，维修质量可靠

培训时量：24 天

培训任务	培训目标	训练内容	培训地点	培训形式	培训时量/天
等离子喷涂	能掌握等离子喷涂的技术原理、应用范围、工序流程	①等离子喷涂的技术原理与应用范围 ②等离子喷涂设备的使用 ③等离子喷涂工序流程	生产现场	操作示教、小组讨论、现场操作	4
3D 打印	能掌握 3D 打印的技术原理、应用范围、工序流程	①3D 打印的技术原理与应用范围 ②3D 打印设备的使用 ③3D 打印工序流程	生产现场	操作示教、小组讨论、现场操作	4
微弧等离子焊	能够运用微弧等离子焊技术修复典型航空零部件	①微弧等离子焊的原理与应用范围 ②微弧等离子焊机的基本使用方法 ③微弧等离子焊工序流程	生产现场	操作示教、小组讨论、现场操作	4
转子堆叠系统测量	能够运用转子堆叠系统测量转子部件并优化装配	①转子堆叠系统测量的原理 ②转子堆叠系统的基本使用方法 ③转子堆叠系统测量工序流程	生产现场	操作示教、小组讨论、现场操作	4
智能化抛光	能够运用智能化抛光技术对典型零部件进行抛光	①智能化抛光的技术原理 ②智能化抛光设备的基本使用方法 ③智能化抛光工序流程	生产现场	操作示教、小组讨论、现场操作	4

续表6-11

培训任务	培训目标	训练内容	培训地点	培训形式	培训时量/天
复合材料红外检测	能够运用红外检测技术对典型复合材料航空零部件进行红外探伤	①红外检测技术原理与应用范围 ②红外检测设备的使用 ③红外检测工艺流程	生产现场	操作示教、小组讨论、现场操作	4

<table>
<tr><td colspan="2" align="center">考核方式：项目综合考核</td></tr>
<tr><td>预期成果</td><td>考核评价要求</td></tr>
<tr><td>航空维修新技术（产品、工卡）</td><td>在规定的时间内能根据具体的被修对象，选择合适的新技术，依据技术要求与规定，完成抽取的考核任务。评价内容同时包括基本知识、操作步骤实施、操作规范、质量和时限、安全措施，评估实践操作的有效性，并考核其中1~2项典型任务，以及现场提问</td></tr>
</table>

3. 模块三：专业教学能力

本模块主要包括行业企业调研、典型工作任务分析、课程体系开发、教学资源开发、教学能力训练等方面的内容。

（1）项目3-1：行业企业调研

行业企业调研培训任务主要包括调研方案的制订、实施，分析收集的调研数据资料，撰写调研报告等。具体培训任务及要求见表6-12。

表6-12　行业企业调研项目培训任务及要求一览表

项目3-1：行业企业调研

任务描述：通过本项目的学习，学员完成飞机维修类专业调研方案的制订、实施，分析收集的调研资料，撰写调研报告等，掌握飞机维修类专业行业企业调研的目的、方法、过程及要求，具备实施行业企业调研的能力

培训时量：7天

培训任务	培训目标	训练内容	培训地点	培训形式	培训时量/天
制订飞机维修类专业调研方案	能够制订调研方案，并能够做好调研的准备工作	①如何制订一个调研方案 ②确定调研对象，并制订一个有效的调研问卷 ③制订一个具体的调研方案	校内	讲授+实践	1

续表6-12

培训任务	培训目标	训练内容	培训地点	培训形式	培训时量/天
实施飞机维修类专业调研	能够根据制订的调研方案，选择或开发合适的调研工具，根据调研对象实际情况实施调研	①调研工具选择与开发 ②不同调研方法的实施 ③完成一次具体调研活动，正确收集调研资料	校内+维修企业	讲授+实践	3
分析飞机维修类专业调研资料	能够准确收集调研数据，并对收集的数据进行整理和分析	①调研资料的整理 ②调研资料的分析	校内	讲授+实践	2
撰写飞机维修类专业调研报告	能科学、规范撰写飞机维修类专业调研报告	①调研报告的格式 ②调研报告的撰写方法 ③调研报告撰写的注意事项	校内	讲授+实践	1

考核方式：项目综合考核

预期成果	考核评价要求
调研方案	①调研方案要素齐全，体例规范，安排合理；②调研成员合理，调研目标和对象明确，调研内容能够达到目标要求；③调研问卷有效，符合调研目标要求；④调研组织过程安排合理，能够实施
调研工具	①能够按照要求制订针对企业管理者、岗位骨干和毕业生的调研问卷，针对学校管理者、骨干教师的调研问卷，针对行业专家的访谈提纲，等等；②调研问卷或访谈提纲的格式规范，内容科学，与调研目标匹配；③调研问卷的呈现形式与调研方法匹配
调研报告	①调研报告内容全面、科学，格式规范，语句通顺，能够客观、真实反映调研情况；②调研收集的资料全面、有效；③调研资料整理及时、分析准确，能真实反映并支撑调研目标；④调研结果呈现客观、真实，分析方法正确；⑤调研结论提炼到位

（2）项目3-2：典型工作任务分析

典型工作任务分析培训任务主要包括制订飞机维修类专业实践专家访谈会方案、专家邀请函，组织实践专家访谈会，形成飞机维修类专业的典型工作任务，撰写会议纪要等。具体培训任务及要求见表6-13。

表6-13　典型工作任务分析项目培训任务及要求一览表

项目3-2：典型工作任务分析

任务描述：通过学习典型工作任务的分析方法，学员能制订飞机维修类专业实践专家访谈会方案、专家邀请函，组织实践专家访谈会；根据访谈会上的成果，分析飞机维修类专业典型工作任务，并形成实践专家访谈会的会议纪要

培训时量：7天

培训任务	培训目标	训练内容	培训地点	培训形式	培训时量/天
实践专家访谈会的准备	制订实践专家访谈会方案，为相关专家发放邀请函；准备好会议日程、主持人、场地和相关设备、材料等	①飞机维修类专业目标岗位确定 ②实践专家访谈会的方案制订 ③邀请函的制订与发放	学校+企业	讲授+实践	2
实践专家访谈会的组织	能够根据实践专家访谈会的会议日程组织会议，通过多轮的分析，分析出飞机维修类专业典型工作任务	①实践专家访谈会会议日程安排 ②实践专家访谈会的组织方法 ③典型工作任务的分析与归纳方法	学校+企业	讲授+实践	3
实践专家访谈会的总结	能够总结实践专家访谈会的成果，形成或描述飞机维修类专业典型工作任务，并能够形成实践专家访谈会的会议纪要	①飞机维修类专业典型工作任务的描述方法 ②实践专家访谈会的会议纪要的撰写	学校+企业	讲授+实践	2

考核方式：项目综合考核

预期成果	考核评价要求
专家访谈会方案	①访谈方案的格式规范，要素齐全，职责分明，经费预算合理；②会议通知清晰明了，日程安排合理；③邀请函、证件、资料、场地、设备等的准备及要求具体

续表6-13

考核方式：项目综合考核	
预期成果	考核评价要求
专业典型工作任务及分析报告	①典型工作任务的数据分析准确，结论提炼到位，能支撑飞机维修类专业课程体系和课程内容结构；②对典型工作任务的分析及描述客观、规范，使用专业术语
实践专家访谈会会议纪要	①会议纪要的格式规范，要素齐全；②内容能够反映实践专家访谈会的概貌；③对会议形成观点的提炼客观、真实

（3）项目3-3：课程体系开发

课程体系开发培训任务主要包括飞机维修类专业目标岗位分析、职业能力分析与转换、课程规划调整的方法，能根据调研结果和岗位能力需求分析情况，制订飞机维修类专业培养目标，根据典型工作任务分析结果至少重构一门专业核心课程的结构，制订课程标准。具体培训任务及要求见表6-14。

表6-14 课程体系开发项目培训任务及要求一览表

项目3-3：课程体系开发					
任务描述：通过本项目的学习，学员掌握飞机维修类专业目标岗位分析、职业能力分析与转换、课程规划调整的方法，形成专业课程体系结构；并根据重构后的课程结构，制订1门核心课程的课程标准					
培训时量：14天					
培训任务	培训目标	训练内容	培训地点	培训形式	培训时量/天
专业课程体系重构	能够根据飞机维修类专业调研结果，进行目标岗位、职业能力分析，按照一定的逻辑关系，优化或重构原有的专业课程体系	①目标岗位分析 ②职业能力分析 ③转换课程、规划调整	学校+企业	讲授+调研+实践	7

续表6-13

培训任务	培训目标	训练内容	培训地点	培训形式	培训时量/天
课程标准编制	能够根据重构的课程结构,制订1门专业核心课程的课程标准	①典型工作任务转化为课程内容的方法 ②岗位规格与课程目标的确定 ③课程标准的编制	学校+企业	讲授+实践	3
实践课程标准制订	能将典型工作任务技能要求转化为实践教学内容,重构实践教学体系或实践课程标准	①典型工作任务技能要求与实践教学内容的转化 ②制订1门实践课程的课程标准	学校+企业	讲授+实践	4

考核方式:项目综合考核

预期成果	考核评价要求
专业课程体系	基于调研结果,目标岗位分析过程科学,岗位确定符合飞机维修类专业定位和特色;职业能力分析过程科学,能力结构符合培养目标和岗位胜任力要求;优化或重构的课程体系逻辑关系清晰,符合新型模块化课程结构要求;课程结构设计合理,课程之间边界清晰,无交叉或重复设置课程;课程能够满足主要岗位胜任力的培养要求
课程标准	课程标准文本规范,格式体例符合要求,课程培养目标明确,培养规格符合岗位胜任力要求;课程内容能准确对接相应工作岗位典型工作任务要求,教学模式或方法对接实际岗位的工作方法或流程;课程评价方法和保障措施明确,能够满足课程教学需要
实践课程标准	实践教学内容符合飞机维修类专业典型工作任务的实践能力要求,实践课程设置科学、合理,符合专业特点和学生认知规律;实践课程标准文本规范,格式符合要求,培养目标和培养规格明确,教学内容对接岗位典型工作任务要求,教学模式、评价方法、教学保障等符合课程教学要求

（4）项目 3-4：教学资源开发

教学资源开发培训任务主要包括收集和整理飞机维修类专业实际岗位资料，将其转换为教学资源。具体培训任务及要求见表 6-15。

表 6-15 教学资源开发项目培训任务及要求一览表

项目 3-4：教学资源开发

任务描述：通过本项目的学习，学员掌握飞机维修类专业实际维修资源的收集和整理方法，根据自己任教课程的教学需要，整理实际维修资料；根据任教课程所对应工作岗位的典型工作任务，开发教学案例，优化课程教案，开发信息化教学资源

培训时量：7 天

培训任务	培训目标	训练内容	培训地点	培训形式	培训时量/天
专业资源的归集与分类	能收集与整理飞机维修类专业教学资源	①教学资源的收集与分类 ②岗位典型工作任务的教学资源开发	学校+企业	讲授+实践	3
教学案例开发	能够开发基于工作过程系统化的教学案例	①工作过程系统化教学案例的开发 ②某飞机维修岗位教学案例开发	学校+企业	讲授+实践	2
教学资源设计与开发	能够根据教学需要，开发满足典型工作任务教学的信息化教学资源	①信息化教学资源开发的方法 ②基于典型工作任务的信息化教学资源设计与开发	学校+企业	讲授+实践	2

考核方式：项目综合考核

预期成果	考核评价要求
教学案例	教学案例数量合适，能够满足一门课程教学需要；案例的格式、体例符合要求；案例源于飞机维修工作实际岗位，同时符合课程教学目标达成的需要
信息化教学资源	教学资源设计科学、类型合适、数量充足，能够满足线上线下教学和考核评价的需求

(5)项目3-5：教学能力训练

教学能力训练培训任务主要是将在企业实践中所学的内容进行转化，提升教学能力，包括教学设计、教学实施、教学评价和教学反思能力。具体培训任务及要求见表6-16。

表6-16　教学能力训练项目培训任务及要求一览表

项目3-5：教学能力训练

任务描述：通过本项目的学习，学员掌握教学设计、实施、评价、反思的内涵和要求，针对本人任教课程，根据企业实践的积累，完成一次课的教学设计，组织课堂教学，实施教学评价，并进行教学反思和诊改

培训时量：9天

培训任务	培训目标	训练内容	培训地点	培训形式	培训时量/天
教学设计	能够完成一次课的教学设计，规范书写教案，并做好上课前的准备	①教学设计的理论基础 ②教学内容与目标、教学方法与组织、教学评价的设计 ③教案的书写	学校+企业	讲授+实践	3
教学实施	能够按照教学设计实施20~30分钟的片段教学	①教学导入的技巧 ②教学模式与方法 ③教学组织及艺术	学校+企业	讲授+实践	2
教学评价	能够根据教学设计实施教学评价	①教学评价的方法 ②教学评价的实施与策略	学校+企业	讲授+实践	2
教学反思	能够在课后对目标达成、教学实施等进行反思	①教学反思的种类 ②教学反思的书写 ③教学反思的应用	学校+企业	讲授+实践	2

考核方式：项目综合考核

预期成果	考核评价要求
教案	教案应包括授课信息、任务目标、学情分析、活动安排、课后反思等教学基本要素；设计合理、重点突出、规范完整、详略得当，能够有效指导教学活动的实施，应当侧重体现具体的教学内容及处理、教学活动及安排
现场无学生教学片段展示或视频	现场教学充分展现新时代职业院校教师良好的师德师风、教学技能和信息素养；教学态度认真、严谨规范、表述清晰、亲和力强；引导学生树立正确的理想信念、学会正确的思维方法、培育正确的劳动观念、增强职业荣誉感；能够创新教学模式，给学生深刻的学习体验；能够与时俱进地提高信息技术应用能力、教研科研能力

4. 模块四：专业发展能力

本模块主要包括应用技术研究、社会服务方面的内容。

（1）项目4-1：应用技术研究

应用技术研究培训任务主要包括航空装备修理工装设备优化设计、航空装备修理工艺优化设计。具体培训任务及要求见表6-17。

表6-17 应用技术研究项目培训任务及要求一览表

项目4-1：应用技术研究

任务描述：通过学习航空装备修理工装设备优化、修理工艺优化的原则方法和步骤，学员能够按照标准规范对一个工装设备进行改良设计，或者对一项修理工作流程进行优化设计

培训时量：5天

培训任务	培训目标	训练内容	培训地点	培训形式	培训时量/天
航空装备修理工装设备优化设计	能够通过航空装备修理工装设备优化的方法、步骤和优化要点的培训学习，进行某一个工装设备的优化设计	①工装设备改良原则 ②工装设备改良方法 ③工装设备改良步骤	生产现场	讲授+小组讨论	2
航空装备修理工艺优化设计	通过工艺优化的原则、方法和过程的学习，能够对某一项工艺进行优化设计	①工艺再造的概念和意义 ②工艺优化原则 ③工艺优化步骤	生产现场	讲授+小组讨论	3

考核方式：项目综合考核

预期成果	考核评价要求
工装设备的优化设计方案	针对某工装设备在生产现场使用过程中的不足，找出改良的理论依据，制订优化方案，并阐述该方案的创新点
工艺的优化设计方案	针对某工作流程存在的不足，找出优化改进的理论依据，制订工艺流程优化方案，并阐述该方案的创新点

（2）项目 4-2：社会服务

社会服务的培训主要包括航空装备维修技术社会服务形式、航空文化传播、航空装备修理专业技术支持等。具体培训任务及要求见表 6-18。

表 6-18 社会服务项目培训任务及要求一览表

项目 4-2：社会服务

任务描述：通过学习航空装备维修技术社会服务形式、航空文化传播、航空装备修理专业技术支持，学员能够利用专业技能更好地服务社会

培训时量：5 天

培训任务	培训目标	训练内容	培训地点	培训形式	培训时量/天
航空装备维修技术社会服务形式	能够了解航空装备维修技术社会服务形式	①航空装备维修技术社会服务内容 ②航空装备维修技术社会服务形式	培训中心	现场跟学	1
航空文化传播	能够制订航空文化传播活动方案，并组织一次航空文化传播活动	①航空文化传播活动设计的原则 ②航空文化传播活动组织的程序 ③航空文化传播实施的注意事项	培训中心	讲授+小组讨论+现场演示	2
航空装备修理专业技术支持	能够制订 1 份航空装备修理专业技术支持方案，并进行 1 次技术支持	①专业技术支持的概念与意义 ②专业技术支持的基本程序 ③专业技术支持的内容	培训中心	讲授+小组讨论	2

考核方式：项目综合考核

预期成果	考核评价要求
航空文化传播	提供本次航空文化传播活动的方案、活动实施的准备、过程资料及活动实施后的简报或总结
航空装备修理专业技术支持	针对企业某一具体技术难题，与企业人员进行充分沟通，制订技术支持方案，并解决该具体技术难题，提供技术支持的方案、开展技术支持的准备、解决过程和解决后反思或小结等资料

七、培训形式与组织实施

(一)培训形式

飞机维修类专业教师企业实践的形式,包括到企业考察观摩、接受企业组织的技能培训、在企业的生产和管理岗位兼职或任职、参与企业产品研发和技术创新等。职业院校应与培训企业共同商定,将组织教师企业实践与学生实习有机结合、有效对接,安排教师有计划、有针对性地进行企业实践,同时协助企业管理、指导学生实习。不同年资的教师企业实践的形式可各不相同,鼓励探索教师企业实践的多种实现形式。

(二)培训实施方案

教师可根据自己任教课程和专业发展需求进行培训项目的选择,按照5年6个月的要求进行模块任务的组合训练。以下方案可供参考(表7-1~表7-5)。

表7-1 方案一:1年内完成6个月的企业实践

年度	第1年	第2年	第3年	第4年	第5年
企业实践内容	职业素养 岗位核心能力 专业教学能力 专业发展能力				

表7-2 方案二:2年内完成6个月的企业实践

年度	第1年	第2年	第3年	第4年	第5年
企业实践内容	职业素养 岗位核心能力(2-1、2-2、2-5) 专业教学能力 专业发展能力(4-1)	职业素养 岗位核心能力(2-3、2-4、2-6) 专业发展能力(4-2)			

表7-3 方案三:3年内完成6个月的企业实践

年度	第1年	第2年	第3年	第4年	第5年
企业实践内容	职业素养 岗位核心能力(2-1、2-6) 专业教学能力	职业素养 岗位核心能力(2-3、2-4) 专业发展能力(4-1)	职业素养 岗位核心能力(2-2、2-5) 专业发展能力(4-2)		

表7-4　方案四：4年内完成6个月的企业实践

年度	第1年	第2年	第3年	第4年	第5年
企业实践内容	职业素养 岗位核心能力(2-1、2-6)	职业素养 岗位核心能力(2-3) 专业教学能力(3-1、3-2、3-3) 专业发展能力(4-1)	职业素养 岗位核心能力(2-2、2-5)	职业素养 岗位核心能力(2-4) 专业教学能力(3-4、3-5) 专业发展能力(4-2)	

表7-5　方案五：5年内完成6个月的企业实践

年度	第1年	第2年	第3年	第4年	第5年
企业实践内容	职业素养 岗位核心能力(2-2、2-6)	职业素养 岗位核心能力(2-1) 专业教学能力(3-1) 专业发展能力(4-1)	职业素养 岗位核心能力(2-3) 专业教学能力(3-2) 专业发展能力(4-2)	职业素养 岗位核心能力(2-4) 专业教学能力(3-3、3-4)	职业素养 岗位核心能力(2-5) 专业教学能力(3-5)

（三）组织实施

①培训时间要求。职业院校专业课教师（含实习指导教师）要根据专业特点每5年必须累计不少于6个月到企业或生产服务一线实践，没有企业工作经历的新任教师应先实践再上岗。公共基础课教师也应定期到企业进行考察、调研和学习。

②培训任务及要求。职业院校教师应在 5 年时间内，完成本培训标准规定的 6 个月实践的培训任务，教师可以根据学校和个人实际情况，安排每次实践的时间和选择培训的项目。职业院校要会同企业结合教师专业水平制订企业实践方案，根据教师教学实践和教学科研需要，确定不同年资教师企业实践的重点内容，解决教学和科研中的实际问题。

③培训效果要求。教师企业实践结束后，学校应会同企业共同对教师的实践情况进行考核评价。教师应及时对企业实践情况进行总结，把企业实践收获转化为教学资源和教学能力，推动教育教学改革与产业转型升级衔接配套。

八、培训考核与评价

职业院校专业教师企业实践的考核根据培训的项目和任务进行，教师可以根据每年进行企业实践的时间选择模块组合，考核根据选择的实践项目和任务情况进行。

(一)过程考核

过程考核分训练项目进行，职业素养、专业教学能力、专业发展能力模块的每个训练项目的考核内容包括学习纪律与学习态度、职业素养、项目作品三个方面，其中，各项目学习纪律与学习态度、职业素养的考核要求与评价标准相同，项目作品则根据任务情况不同其考核要求与评价标准不同。岗位核心能力模块的每个训练项目的考核内容包括学习纪律与学习态度、职业素养、操作规范、项目作品四个方面，其中，学习纪律与学习态度、职业素养的考核要求与评价标准相同，操作规范、项目作品(产品、方案等)的考核要求与评价标准则不同。

(二)结业考核

结业考核重点考查学员将企业实践能力转化为教学能力的情况。学员可自选一门课程或一个教学单元，吸纳企业实践中所学习的知识和技能，按照成果导向或工作过程系统化理念，优化课程整体设计和单元设计，重点完成一个项目或一次课的教学设计，并准备完成该项目或该次课教学需要的教学资源。结业考核要求与评价标准见附表3-1。

(三)考核成绩确定

考核总成绩按百分制评定。考核总成绩由过程考核成绩与结业考核成绩两部分构成，其中，过程考核成绩占总成绩的60%，结业考核成绩占总成绩的40%。过程考核成绩中，学习纪律与学习态度、操作规范和职业素养各占总成绩的 20%，作品(产品、服务项目、方案等)占总成绩的 40%。结业考核成绩按照评分标准进行评分。过程考核成绩及结业考核成绩均合格，方能认定考核成绩合格。

学员在培训期间出现严重违纪及安全责任事故等情况，考核总成绩为不合格。

九、培训条件与保障

（一）培训组织保障

①成立高职高专院校专业教师企业实践培训与考核工作领导小组，以培训基地院校的院（校）长为组长，主管培训和后勤的副院（校）长为副组长，相关职能部门和系部负责人为成员。

②明确培训工作管理机构，配备培训教学专职管理人员和班主任，负责全程管理培训教学和培训学员的生活。

③制订培训计划管理、培训过程管理、培训质量管理、培训师资管理、考核组织管理、培训成绩管理、培训档案管理、学员生活管理等管理制度，并严格执行。

（二）教学条件保障

1. 职业素养模块

（1）培训师资要求

培训教师要求是中层以上管理人员，要求了解企业生产经营状况、企业文化、各类相关规章制度、政策法规等，能够按照企业实践计划指导教师的岗位实践活动。

培训教师原则上应具有中级以上专业技术职称或具有二级以上职业资格证书。

（2）设施设备要求

培训场地应具有满足教学需要的标准教室。

（3）合作企业要求

合作企业要求具有职能健全的培训部门、完善的培训体系、丰富的职业教育培训经验，具有面向院校提供技术技能、生产管理等专业化培训，以及专业教学标准建设、教具教材开发、产教融合等知识产品与服务的能力。

企业要有完善的职业素养培训体系，具备完备的职业素养评价体系，且运行良好，保证培训工作的有效落地。

2. 岗位核心能力模块

（1）培训师资要求

培训教师要求是有良好的表达能力、较强的专业技能的一线骨干或技术能手；要求了解企业生产工艺流程、掌握航空装备修理技术，能够按照企业实践计划指导教师的岗位实践活动。

培训教师原则上应具有中级以上专业技术职称或具有二级以上职业资格证书。

（2）设施设备要求

培训场地应具有满足教学需要的标准教室，以及面积80平方米以上，且能安排20个以上工位，用电、油、液以及照明、安全等设施符合作业规范。

培训场地应具有全套教学流程使用的工装设备、量具和课程教材等。

（3）合作企业要求

合作企业要求具有职能健全的培训部门、完善的培训体系、丰富的职业教育培训经验，具有面向职业院校提供技术技能、生产管理等专业化培训，以及专业教学标准建设、教具教材开发、产教融合等知识产品与服务的能力。

企业要有成熟的航空装备维修专业技术课程培训体系，具备完备的岗位技术培训评价体系，且运行良好，保证培训工作的有效落地。

3. 专业教学能力模块

（1）培训师资要求

培训教师要求是有较强的表达能力、丰富的课程开发经验的专业负责人或课程负责人；要求了解飞机维修行业调研流程、开发专业课程、收集与开发教学资源，能够按照企业实践计划指导教师的岗位实践活动。

培训教师原则上应具有中级以上专业技术职称或具有二级以上职业资格证书。

（2）设施设备要求

培训场地应具有满足教学需要的标准教室，以及面积80平方米以上，有希沃一体机或高清投影仪。

（3）合作企业要求

合作企业要求具有职能健全的培训部门、完善的培训体系、丰富的职业教育培训经验，具有面向职业院校提供课程体系开发、专业教学标准建设、教具教材开发、教学资源开发等知识产品与服务的能力。

企业要有成熟的教学能力培训体系，具备完备的教学能力培训评价体系，且运行良好，保证培训工作的有效落地。

4. 专业发展能力模块

(1)培训师资要求

培训教师要求是有较强的表达能力、丰富研发经验的研发骨干，有较高的专业造诣，有一定的创新能力、开拓进取精神和社会实践能力，主持或参与过相关项目研发、产品技术改造、航空文化传播项目，能够按照企业实践计划指导教师的岗位实践活动。

培训教师原则上应具有中级以上专业技术职称或具有二级以上职业资格证书。

(2)设施设备要求

有示教室和实训室，有希沃一体机或高清投影仪，能够提供工装设备优化的相关设施设备。

(3)合作企业要求

合作企业要求具有职能健全的培训部门、完善的培训体系、丰富的职业教育培训经验，具有面向职业院校提供技术技能、生产管理等专业化培训，以及应用技术研究、社会服务等知识产品与服务的能力。

企业要有成熟的应用技术研究与社会服务培训体系，具备完备的培训评价体系，且运行良好，保证培训工作的有效落地。

(三)后勤生活保障

1. 餐饮服务

合作企业能够提供营养丰富、可口满意的饭菜，免费供应菜汤，保证有一个整洁、便捷、舒适的就餐环境。

2. 住宿条件

住宿条件为宾馆标准间(相当于三星级酒店标准)；每间标间面积25平方米，配备单人床两张和相应的床上用品，宿舍内安装有空调、有线电视、宽带，并配有独立卫生间，淋浴，24小时热水，专人卫生清理服务。

3. 安全防护

在企业实践培训期间，配备工作服、手套、安全鞋等相应的劳保用品和个人防护用品，切实保证企业实践培训工作安全顺利地完成。

4. 医疗保障

合作企业能够提供专业的医疗保障服务，预防突发事件的发生，确保发生意外的情况时，能够提供及时、有效的医疗保障。

5. 培训管理

安排一位班主任，负责对接学员生活和学习规划。在课余时间，能够组织学员开展丰富多彩的文化娱乐活动，通过这些活动的开展，丰富学员文化生活，陶冶员工情操，稳定学员队伍，营造朝气蓬勃、奋发向上的文化氛围。

6. 交通保障

如果生活区与工作区距离太远的话，基于培训实践时间安排，根据学员数量提供舒适的通勤班车接送学员，确保培训工作的顺利进行。

附录 技能考核项目及样题

附录一 技能考核项目

航空装备维修类专业教师企业实践培训各模块的技能考核项目见附表1-1。

附表1-1 各模块技能考核项目一览表

培训模块	培训内容	技能考核项目	考核时间/min
职业素养	JN1-1 企业文化	JN1-1-1：学习心得	10
	JN1-2 企业制度	JN1-2-1：学习心得	10
	JN1-3 岗位规范	JN1-3-1：岗位分析报告	10
	JN1-4 政策法规	JN1-4-1：心得体会	10
岗位核心能力	JN2-1 故障检查与分析	JN2-1-1：航空发动机某级压气机叶片目视检查 JN2-1-2：发动机某级压气机盘渗透探伤 JN2-1-3：紧固件螺栓磁粉探伤 JN2-1-4：飞机机轮轮毂涡流探伤 JN2-1-5：主起落架减震支柱超声探伤 JN2-1-6：附件传动轴射线探伤	120
	JN2-2 机体结构修理	JN2-2-1：某型飞机长桁的制作 JN2-2-2：某型飞机整流罩的制作 JN2-2-3：某型飞机框板件的制作 JN2-2-4：某型飞机"Z"形挤压型材的修理 JN2-2-5：某型飞机机身蒙皮划伤的修理 JN2-2-6：某型飞机机身蒙皮破孔的修理	120

续附表1-1

培训模块	培训内容	技能考核项目	考核时间/min
岗位核心能力	JN2-3 部附件修理	JN2-3-1：某型发动机压气机叶片分解、称重排序与装配 JN2-3-2：某型发动机燃烧室分解、修理与装配 JN2-3-3：某型发动机涡轮叶片分解、称重排序与装配 JN2-3-4：某型发动机燃油泵分解、修理与装配 JN2-3-5：某型发动机传装中介机匣与高压转子装配 JN2-3-6：某型发动机总装补油电磁活门分解与装配	120
	JN2-4 试车	JN2-4-1：某型发动机台架系统的使用与维护 JN2-4-2：某型发动机在台架上的安装与拆卸 JN2-4-3：某型发动机试车准备 JN2-4-4：某型发动机第一遍试车 JN2-4-5：某型发动机第二遍试车 JN2-4-6：某型发动机最大状态转速调整 JN2-4-7：某型发动机最大状态推力小故障排除	120
	JN2-5 外场维护	JN2-5-1：飞机绕机检查 JN2-5-2：飞机燃油、滑油、液压油的检查与添加 JN2-5-3：飞机轮胎、缓冲支柱、蓄压器等部附件工作气压的测量与充添 JN2-5-4：飞机部附件拆装与检查 JN2-5-5：机载设备的检查与维护 JN2-5-6：飞行一线机务保障	120
	JN2-6 航空维修新技术	JN2-6-1：发动机密封圈盖涂层等离子喷涂 JN2-6-2：高压涡轮工作叶片叶尖磨损 3D 打印修复 JN2-6-3：高压压气机转子叶片叶尖磨损微弧等离子焊接长 JN2-6-4：高压压气机转子堆叠系统测量与装配优化 JN2-6-5：发动机叶片智能化抛光 JN2-6-6：雷达罩蜂窝夹芯红外热波检测	120

续附表1-1

培训模块	培训内容	技能考核项目	考核时间/min
专业教学能力	JN3-1 行业企业调研	JN3-1-1：飞机维修类专业调研 JN3-1-2：课程调研	随堂考核
	JN3-2 典型工作任务分析	JN3-2-1：飞机维修类专业典型工作任务分析	随堂考核
	JN3-3 课程体系开发	JN3-3-1：专业课程体系开发 JN3-3-2：课程标准开发	随堂考核
	JN3-4 教学资源开发	JN3-4-1：教学案例开发 JN3-4-2：其他教学资源开发	随堂考核
	JN3-5 教学能力训练	JN3-5-1：教学能力展示	30
专业发展能力	JN4-1 应用技术研究	JN4-1-1：航空装备修理工装设备优化设计 JN4-1-2：航空装置修理工艺优化设计	30
	JN4-2 社会服务	JN4-2-1：航空文化传播活动 JN4-2-2：航空装备修理专业技术支持	30

附录二　操作流程与考核评分标准

（一）职业素养模块

1. JN1-1-1：学习心得

企业文化考核评分标准见附表2-1。

附表2-1　企业文化考核评分标准

JN1-1-1：学习心得		
考核时长：10 min	考核地点：学校多媒体教室	考核方式：资料审查+汇报展示
任务描述：根据所学内容，收集、整理企业发展历史、品牌文化、质量文化、发展愿景、价值观等企业文化的内涵、价值，联系教学实际工作实际，撰写心得体会，制作PPT并进行汇报		
操作设备：（1）投影仪；（2）电脑		
操作材料：（1）PPT；（2）学习心得		

企业文化考核评分标准

考核内容		考核点及评分要求	分值	扣分	得分	备注
文本资料（80分）	心得内容	心得体会必须是原创、首发	10			
		语句通顺、思路清晰	10			
		内容翔实、条理清晰、重点突出	10			
		与教学实际结合，写出所思所想	10			
		深入理解企业精神、核心价值观、宗旨	10			
	反思内容	符合实际教学工作需要	10			
		反思侧重具体的企业文化与实际教学结合	10			
		反思设计合理、重点突出、规范完整、详略得当	10			
汇报（20分）	汇报	能简明、清晰地陈述企业文化的内涵、价值	5			
		表达流畅，思路清晰，重点突出	5			
		PPT辅助表达，过程资料呈现清晰	5			
	回答问题	准确回答问题，语言流畅，逻辑性强	5			
合计			100			

2. JN1-2-1：学习心得

企业制度考核评分标准见附表 2-2。

附表 2-2　企业制度考核评分标准

JN1-2-1：学习心得		
考核时长：10 min	考核地点：学校多媒体教室	考核方式：资料审查+汇报展示

任务描述：根据所学内容，收集、整理相关法律与政策、企业员工手册、企业管理制度、企业保密制度等，联系社会实际或工作实际，撰写心得体会，制作 PPT 并进行汇报

操作设备：（1）投影仪；（2）电脑

操作材料：（1）PPT；（2）学习心得

企业制度考核评分标准

考核内容		考核点及评分要求	分值	扣分	得分	备注
文本资料（80分）	心得内容	心得体会必须是原创、首发	10			
		语句通顺、思路清晰	10			
		内容翔实、条理清晰、重点突出	10			
		与教学实际结合，写出所思所想	10			
		深入理解企业管理制度、工作流程	5			
		掌握行业保密制度	5			
	反思内容	符合实际教学工作需要	10			
		反思侧重具体的企业管理制度与实际教学结合	10			
		反思设计合理、重点突出、规范完整、详略得当	10			
汇报（20分）	汇报	能简明、清晰地陈述企业组织结构、管理制度	5			
		表达流畅，思路清晰，重点突出	5			
		PPT 辅助表达，过程资料呈现清晰	5			
	回答问题	准确回答问题，语言流畅，逻辑性强	5			
合计			100			

3. JN1-3-1：岗位分析报告

岗位规范考核评分标准见附表2-3。

附表2-3　岗位规范考核评分标准

JN1-3-1：岗位分析报告

考核时长：10 min	考核地点：学校多媒体教室	考核方式：资料审查+汇报展示

任务描述：根据所学内容，收集、整理相关飞机修理岗位描述、任职要求、岗位职责、薪资水平、职业前景和社会责任等，联系社会实际或工作实际，撰写一份岗位分析报告，制作PPT并进行汇报

操作设备：(1)投影仪；(2)电脑

操作材料：(1)PPT；(2)岗位分析报告

岗位规范考核评分标准

考核内容		考核点及评分要求	分值	扣分	得分	备注
文本资料 （80分）	基本 要求	报告要素齐全，内容翔实	10			
		报告语句通顺、思路清晰	10			
		报告内容符合飞机修理实际，能明确岗位职责	10			
	报告 内容	报告能明确岗位所要求的思想道德素质	10			
		报告能准确反映岗位发展趋势	10			
		报告能反映岗位所需职业能力	10			
		报告能反映岗位最需要的职业技能	10			
		能反映岗位的职业现状	10			
汇报 （20分）	汇报	能简明、清晰地陈述岗位职责和生产技术规程	5			
		表达流畅，思路清晰，重点突出	5			
		PPT辅助表达，过程资料呈现清晰	5			
	回答 问题	准确回答问题，语言流畅，逻辑性强	5			
合计			100			

4. JN1-4-1：心得体会

政策法规考核评分标准见附表2-4。

附表2-4 政策法规考核评分标准

JN1-4-1：心得体会

考核时长：10 min	考核地点：学校多媒体教室	考核方式：资料审查+汇报展示

任务描述：根据所学政策法规内容，收集、整理飞机维修行业政策、行业发展前景，联系社会实际或个人工作实际，撰写心得体会，制作PPT并进行汇报

操作设备：(1)投影仪；(2)电脑

操作材料：(1)PPT；(2)心得体会

政策法规考核评分标准

考核内容		考核点及评分要求	分值	扣分	得分	备注
文本资料（80分）	心得内容	心得体会必须是原创、首发	10			
		语句通顺、思路清晰	10			
		内容翔实、条理清晰、重点突出	10			
		与教学实际结合，写出所思所想	10			
		深入理解飞机维修行业政策、发展前景	10			
	反思内容	符合实际教学工作需要	10			
		反思侧重政策法规与实际教学的结合	10			
		反思设计合理、重点突出、规范完整、详略得当	10			
汇报（20分）	汇报	能简明、清晰地陈述飞机维修行业政策法规	5			
		表达流畅，思路清晰，重点突出	5			
		PPT辅助表达，过程资料呈现清晰	5			
	回答问题	准确回答问题，语言流畅，逻辑性强	5			
合计			100			

（二）岗位核心能力模块

1. JN2-1：故障检查与分析

（1）JN2-1-1：航空发动机某级压气机叶片目视检查（附表2-5）

附表2-5　航空发动机某级压气机叶片目视检查考核评分标准

JN2-1-1：航空发动机某级压气机叶片目视检查		
考核时长：120 min	考核地点：生产现场	考核方式：实操

任务描述：根据国军标，使用目视检测设备对发动机（编号1）某级压气机叶片进行目视检查，并签发检测报告

操作设备：（1）直尺；（2）孔探仪；（3）手电筒；（4）放大镜等

操作材料：（1）飞机发动机；（2）酒精；（3）纸巾

航空发动机某级压气机叶片目视检查考核评分标准

考核内容		考核点及评分要求	分值	扣分	得分	备注
步骤实施（60分）	操作前准备	1. 抽操作板号，领取报告（3分） 2. 核对试件编号并做好记录（5分） 3. 准备好测量试件（5分） 4. 向监考人报告考核开始（2分）	15			
	选择目视检测工具	1. 放大镜、测量尺的选择（5分） 2. 正确调零测量工具（5分）	10			
	观察记录	1. 选择正确的孔探窗口（5分） 2. 正确操作孔探仪（5分） 3. 观察试件表面可达处（5分） 4. 发现表面可能存在的缺陷（5分） 5. 辨别压气机叶片表面损伤（5分） 6. 记录观察结果（5分） 7. 孔探窗口和孔探仪的复原（5分）	35			

续附表2-5

考核内容		考核点及评分要求	分值	扣分	得分	备注
检测结果（35分）	缺陷种类	主要缺陷种类判别正确（一种扣2分）	10			
	缺陷数量	主要表面缺陷数量判别正确（每差一个扣2分）	10			
	出具报告	1. 填写完整，缺陷参量的位置标注明确（10分） 2. 检测结论正确（5分）	15			
整理现场（5分）	清点工具，整理现场	1. 工作现场秩序符合规定（3分） 2. 遵守安全操作规程，清理工作现场（2分）	5			
合计			100			

（2）JN2-1-2：发动机某级压气机盘渗透探伤（附表2-6）

附表2-6 发动机某级压气机盘渗透探伤考核评分标准

JN2-1-2：考核评分标准某级压气机盘渗透探伤		
考核时长：120 min	考核地点：生产现场	考核方式：实操

任务描述：根据国军标，使用渗透检测设备对发动机某级压气机盘进行渗透检测，并签发检测报告

操作设备：（1）固定式渗透检测设备；（2）灵敏度试块；（3）黑光辐照计、荧光亮度计等

操作材料：（1）紧固件；（2）清洗剂、渗透剂、显像粉；（2）棉布、酒精

发动机某级压气机盘渗透探伤考核评分标准

考核内容		考核点及评分要求	分值	扣分	得分	备注
步骤实施（60分）	操作前准备	1. 抽操作板号，领取报告（1分） 2. 核对试件编号并做好记录（2分） 3. 向监考人报告考核开始（2分）	5			
	探伤剂的选择	1. 满足相应检测试件探伤灵敏度的要求（5分） 2. 质量检查：（5分） a. 渗透剂没有变质 b. 显像剂没有凝聚或性能没有下降 c. 在使用有效期内	10			

续附表2-6

考核内容		考核点及评分要求	分值	扣分	得分	备注
步骤实施（60分）	渗透时间的选择	渗透时间的选择正确	5			
	灵敏度试块的选择	选用灵敏度试块	5			
	操作程序	1.正确对试件进行表面预清洗(5分) 2.正确进行渗透操作(5分) 3.正确进行清洗操作(观察是否有过洗和欠洗现象)(5分) 4.对工件进行干燥(5分) 5.对工件进行正确的显像(包括显像的时间和显像的方式)(5分) 6.对显示图像进行观察、分析(5分) 7.发现缺陷显示有疑问时，进行复验(3分) 8.正确进行后处理(2分)	35			
检测结果（35分）	缺陷种类	主要缺陷种类判别正确(缺一项扣2分)	10			
	缺陷数量	主要表面缺陷数量判别正确(差一个扣2分)	10			
	出具报告	1.填写完整，缺陷参量的位置标注明确(10分) 2.正确评级，结论正确(5分)	15			
整理现场（5分）	清点工具，整理现场	1.工作现场秩序符合规定(3分) 2.遵守安全操作规程，清理工作现场(2分)	5			
合计			100			

（3）JN2-1-3：紧固件螺栓磁粉探伤（附表2-7）

附表2-7 紧固件螺栓磁粉探伤考核评分标准

JN2-1-3：紧固件螺栓磁粉探伤		
考核时长：120 min	考核地点：生产现场	考核方式：实操

任务描述：根据航空检测标准，对螺栓紧固件进行外观检查后，使用磁粉检测设备对其进行磁粉检测，并签发检测报告

操作设备：（1）固定式磁粉探伤机；（2）灵敏度试片；（3）卷尺；（4）放大镜；（5）磁强计

操作材料：（1）螺栓；（2）油基型黑磁悬液；（3）清洗剂

紧固件螺栓磁粉探伤考核评分标准

考核内容		考核点及评分要求	分值	扣分	得分	备注
步骤实施（60分）	操作前准备	1. 抽操作板号，领取报告（3分） 2. 核对试件编号并做好记录（5分） 3. 向监考人报告考核开始（2分）	10			
	探伤方法的正确选择	根据工件形状、大小等选择适合的探伤方法	5			
	仪器装置选择正确	了解仪器的参数、性能	5			
	仪器检查	接通电源，打开开关，检查保险，接上电缆插头，检查仪器	5			
	灵敏度测试	用灵敏度的试片验证磁化规范	5			
	磁化方向与强度选择	根据工件缺陷可能存在的方向，确定磁化方向；磁化强度的选择	5			
	磁化时间与磁化操作正确	1. 0.5~1秒间断通电磁化（5分） 2. 施加方法及注意事项（5分）	10			
	磁痕分析	1. 检查磁痕，辨别真伪（5分） 2. 复查磁痕，辨别真伪（5分）	10			
	退磁	对被检工件进行退磁	5			

续附表2-7

考核内容		考核点及评分要求	分值	扣分	得分	备注
检测结果（35分）	缺陷种类	主要缺陷种类判别正确（缺一种扣2分）	10			
	缺陷数量	主要表面缺陷数量判别正确（差一个扣2分）	10			
	出具报告	1. 填写完整，缺陷参量的位置标注明确（10分） 2. 正确评级，结论正确（5分）	15			
整理现场（5分）	清点工具，整理现场	1. 工作现场秩序符合规定（3分） 2. 遵守安全操作规程，清理工作现场（2分）	5			
合计			100			

（4）JN2-1-4：飞机机轮轮毂涡流探伤（附表2-8）

附表2-8　飞机机轮轮毂涡流探伤考核评分标准

JN2-1-4：飞机机轮轮毂涡流探伤

考核时长：120 min	考核地点：生产现场	考核方式：实操

任务描述：根据国军标，对飞机机轮轮毂进行外观检查后，使用涡流检测设备对其进行涡流探伤，并签发检测报告。

操作设备：（1）涡流检测仪；（2）探头；（3）对比试块；（4）放大镜

操作材料：（1）飞机机轮轮毂；（2）清洗剂

续附表2-8

飞机机轮轮毂涡流探伤考核评分标准

考核内容		考核点及评分要求	分值	扣分	得分	备注
步骤实施 (60)	操作前准备	1. 抽操作板号，领取报告（3分） 2. 核对试件编号并做好记录（5分） 3. 向监考人报告考核开始（2分）	10			
	仪器检测及灵敏度调试	正确连接仪器，选择合适的探头	10			
		开机，调整仪器	5			
		根据对比试块调试结果选择合适的检测频率和相位	10			
		运用对比试块调节检测灵敏度，使标准刻槽阻抗曲线达到指定高度	5			
	扫查	1. 扫查速度应与仪器标定的速度相同（10分） 2. 扫查至少要有两个相互垂直的方向，扫查间距不大于检测线圈直径的1倍（10分）	20			
检测结果 (35)	缺陷种类	主要缺陷种类判别正确（缺一种扣2分）	10			
	缺陷数量	主要表面缺陷数量判别正确（差一个扣2分）	10			
	出具报告	1. 填写完整，缺陷参量的位置标注明确（10分） 2. 正确评级，结论正确（5分）	15			
整理现场 (5分)	清点工具，整理现场	1. 工作现场秩序符合规定（3分） 2. 遵守安全操作规程，清理工作现场（2分）	5			
合计			100			

（5）JN2-1-5：主起落架减震支柱超声探伤（附表2-9）

附表2-9　主起落架减震支柱超声探伤考核评分标准

JN2-1-5：主起落架减震支柱超声探伤

考核时长：120 min	考核地点：生产现场	考核方式：实操

任务描述：根据国军标，对主起落架减震支柱进行外观检查后，对其进行纵波直探头直接接触法超声波检测，并签发检测报告

操作设备：(1)超声波检测仪；(2)探头、探头线；(3)对比试块；(4)机油、钢尺等

操作材料：主起落架减震支柱

主起落架减震支柱超声探伤考核评分标准

考核内容		考核点及评分要求	分值	扣分	得分	备注
器材及技术要求（60）	操作前准备	1. 抽操作板号，领取报告（3分） 2. 核对试件编号并做好记录（5分） 3. 向监考人报告考核开始（2分）	10			
	仪器检测及灵敏度调试	检测面选择正确	5			
		探头规格、直径选择正确	10			
		扫查方法选择正确	5			
		技术标准及验收等级选择正确	10			
		对比试块选择正确	10			
		灵敏度调试符合标准要求	10			
检测结果（35）	缺陷种类	主要缺陷种类判别正确（缺一种扣2分）	10			
	缺陷数量	主要表面缺陷数量判别正确（差一个扣2分）	10			
	出具报告	1. 填写完整，缺陷参量的位置标注明确（10分） 2. 正确评级，结论正确（5分）	15			
整理现场（5分）	清点工具，整理现场	1. 工作现场秩序符合规定（3分） 2. 遵守安全操作规程，清理工作现场（2分）	5			
合计			100			

（6）JN2-1-6：附件传动轴射线探伤（附表2-10）

附表2-10 附件传动轴射线探伤考核评分标准

JN2-1-6：附件传动轴射线探伤		
考核时长：120 min	考核地点：生产现场	考核方式：实操
任务描述：根据国军标，对附件传动轴进行外观检查后，对其进行射线检测，并签发检测报告		
操作设备：（1）超声检测仪；（2）探头、探头线；（3）对比试块；（4）机油、钢尺等		
操作材料：附件传动轴		

附件传动轴射线探伤考核评分标准

考核内容		考核点及评分要求	分值	扣分	得分	备注
器材及技术要求（60）	操作前准备	1. 抽操作板号，领取报告（3分） 2. 核对试件编号并做好记录（5分） 3. 向监考人报告考核开始（2分）	10			
	仪器使用及工艺参数确定	正确训机	2			
		试件检查及清理	3			
		正确架射线机、贴片	5			
		像质计和标记正确摆放	2			
		确定管电压及曝光时间	5			
		散射线的正确防护	3			
	暗室处理	1. 显影、停显及定影的操作要点（10分） 2. 水洗、干燥的操作要点（5分）	15			
	底片质量要求	1. 像质计检查（5分） 2. 标记检查（5分） 3. 黑度检查（5分）	15			

续附表2-10

考核内容		考核点及评分要求	分值	扣分	得分	备注
检测结果（35）	缺陷种类	主要缺陷种类判别正确（缺一种扣2分）	10			
	缺陷数量	主要表面缺陷数量判别正确（差一个扣2分）	10			
	出具报告	1. 填写完整，缺陷参量的位置标注明确（10分） 2. 正确评级，结论正确（5分）	15			
整理现场（5分）	清点工具，整理现场	1. 工作现场秩序符合规定（3分） 2. 遵守安全操作规程，清理工作现场（2分）	5			
合计			100			

2. JN2-2：机体结构修理

（1）JN2-2-1：某型飞机长桁的制作（附表2-11）

附表2-11 某型飞机长桁的制作考核评分标准

JN2-2-1：某型飞机长桁的制作		
考核时长：120 min	考核地点：生产现场	考核方式：实操
任务描述：依据飞机长桁外形尺寸特征，计算展开板料尺寸，制订加工方法，选择手工加工设备，选择锤击工具和量具等，分析各敲制工序可能出现的问题，避免产生裂纹，控制锤击力度，掌握好锤击部位。加工过程中考核其操作步骤是否正确及现场安全防护是否到位，加工完成后对零件进行尺寸测量，检验其是否符合实物外形尺寸要求		
操作设备：（1）折边机；（2）剪板机；（3）某型飞机长桁		
工具：铝锤、木槌、铁砧、折波钳、中平锉、细平锉、铁皮剪刀、铅笔、钢板尺、样板、木尖		
操作材料：LF21-M-δ1.2，$L=1010$ mm，$B=50$ mm		

续附表2-11

考核内容		考核点及评分要求	分值	扣分	得分	备注
工作准备（20分）	损伤检查	测量损伤部位，确定外形和尺寸（未进行此项操作不得分）	5			
	场地准备	检查指定的工作钳台、折边机及手剪机是否符合制作要求（未进行此项操作不得分）	5			
	工、量具准备	依据工、量具清单到库房领取所需工、量具并检验有效期（出现缺少工具或未点验工具或未检查量具有效期不得分）	5			
	材料准备	检查板料尺寸应符合制作要求：LF21-M-δ1.2，$L=1010$ mm，$B=50$ mm（未检查板料不得分）	5			
制作（75分）	划线下料	1. 正确计算展开尺寸（尺寸计算错误扣3分） 2. 划出加工线、弯折线（线条不清晰扣1分） 3. 利用剪板机、铁皮剪刀去除余量，并砂光边缘（未砂光边缘扣1分）	5			
	折边	依据所划弯折线在折边机上进行弯折，弯折尺寸应符合原件要求（不能正确操作折边机扣5分，弯折尺寸不正确扣10分）	15			
	制作波纹	利用折波钳制作波纹，波纹尺寸要求波长=2/3边宽、波高≈10 mm、波宽≈10 mm、波间距离5~15 mm（波纹伤及根部不得分，波高、波宽、波长不符合要求扣5分）	5			

续附表2-11

考核内容		考核点及评分要求	分值	扣分	得分	备注
制作 (75分)	收边	1. 利用铁砧、木榔头将波纹收平，收波方法：先封口再沿弯折根部向板料边缘处敲击，不能损伤根部(敲制顺序不对扣10分) 2. 收制一遍后再重复进行波纹收边过程，所作波纹位置应与上次交错(未交错制作波纹扣5分) 3. 及时去除制作过程中产生的毛刺、小裂纹，裂纹深度应符合尺寸要求(未及时去除毛刺扣5分)	20			
	样板检验	1. 利用切面样板检查收波效果(制作过程中未使用样板检查扣15分) 2. 若收边过小，应放边，放边操作不能损伤弯折根部(放边损伤根部扣15分)	15			
	形状修整	弯折角度应为90度，宽边为20 mm，高为20 mm，无毛刺、裂纹(角度不对扣5分，宽度、高度不对扣5分，出现毛刺、裂纹扣5分)	15			
整理现场 (5分)	清点工具，整理现场	1. 工作现场秩序符合规定(3分) 2. 遵守安全操作规程，清理工作现场(2分)	5			
合计			100			

（2）JN2-2-2：某型飞机整流罩的制作（附表2-12）

附表2-12　某型飞机整流罩的制作考核评分标准

JN2-2-2：某型飞机整流罩的制作		
考核时长：120 min	考核地点：生产现场	考核方式：实操

任务描述：依据飞机整流罩外形尺寸特征，计算展开板料尺寸，制订加工方法，选择手工加工设备，选择锤击工具和量具等，分析各敲制工序可能出现的问题，避免产生裂纹，控制锤击力度，掌握好锤击部位。加工过程中考核其操作步骤是否正确及现场安全防护是否到位，加工完成后对零件进行尺寸测量，检验其是否符合实物外形尺寸要求

操作设备：（1）折边机；（2）剪板机；（3）某型飞机整流罩

工具：铝锤、木槌、铁砧、φ30 mm 圆铁棒、中平锉、细平锉、铁皮剪刀、铅笔、钢板尺、切面样板、木制凹模、敲击平台、游标卡尺

操作材料：LF21-M-δ1.2，$L = 220$ mm，$B = 200$ mm

某型飞机整流罩的制作考核评分标准

考核内容		考核点及评分要求	分值	扣分	得分	备注
工作准备（20分）	损伤检查	测量损伤部位，确定外形和尺寸（未进行此项操作不得分）	5			
	场地准备	检查指定的工作钳台、折边机及手剪机是否符合制作要求（未进行此项操作不得分）	5			
	工、量具准备	依据工、量具清单到库房领取所需工、量具并检验有效期（出现缺少工具或未点验工具或未检查量具有效期不得分）	5			
	材料准备	检查板料尺寸应符合制作要求：LF21-M-δ1.2，$L = 220$ mm，$B = 200$ mm（未检查板料不得分）	5			

续附表2-12

考核内容		考核点及评分要求	分值	扣分	得分	备注
制作 (75分)	划线下料	1. 正确计算展开尺寸(尺寸计算错误扣6分) 2. 划出加工线、弯折线(线条不清晰扣2分) 3. 利用剪板机、铁皮剪刀去除余量,并砂光边缘(未砂光边缘扣2分)	10			
	鼓包制作	1. 依据所划弯折线在圆棒上手工弯制鼓包外形 2. 利用凹模加工鼓包,鼓包外表面无明显捶痕,外形尺寸符合技术要求 鼓包 $L \times B \times H = 155\ mm \times 80\ mm \times 40\ mm$ (鼓包出现明显捶痕或尺寸超差±1 mm扣10分) 3. 利用切面样板检验外形及尺寸 $L \times B \times H = 180\ mm \times 130\ mm \times 40\ mm$ (尺寸超差±1 mm扣10分) 4. 样板检验间隙小于1 mm(间隙大于1 mm扣10分)	40			
	裙边制作	1. 采用收、放结合的方式敲制裙边,尺寸符合要求 $L \times B \times H = 180\ mm \times 130\ mm \times 40\ mm$ (尺寸超差±1 mm扣10分) 2. 裙边无明显的捶痕(出现明显捶痕扣5分) 3. 修剪外形符合尺寸要求,边缘无毛刺(尺寸超差±1 mm扣10分)	25			
整理现场 (5分)	清点工具,整理现场	1. 工作现场秩序符合规定(3分) 2. 遵守安全操作规程,整理工作现场(2分)	5			
合计			100			

（3）JN2-2-3：某型飞机框板件的制作（附表2-13）

附表 2-13　某型飞机框板件的制作考核评分标准

JN2-2-3：某型飞机框板件的制作		
考核时长：120 min	考核地点：生产现场	考核方式：实操
任务描述：依据飞机框板件外形尺寸特征制作框板替换件		
操作设备：（1）折边机；（2）剪板机；（3）某型飞机框板件		
工具：铝锤、木槌、铁砧、折波钳、中平锉、细平锉、铁皮剪刀、铅笔、钢板尺、样板、游标卡尺、木尖、ϕ40 mm 圆铁管		
操作材料：LF21-M-δ1.2，L＝950 mm，B＝200 mm		

某型飞机框板件的制作考核评分标准

考核内容		考核点及评分要求	分值	扣分	得分	备注
工作准备（20分）	损伤检查	测量损伤部位，确定外形和尺寸（未进行此项操作不得分）	5			
	场地准备	检查指定的工作钳台、折边机及手剪机是否符合制作要求（未进行此项操作不得分）	5			
	工、量具准备	依据工、量具清单到库房领取所需工、量具并检验有效期（出现缺少工具或未点验工具或未检查量具有效期不得分）	5			
	材料准备	检查板料尺寸应符合制作要求：LF21-M-δ1.2，L＝950 mm，B＝200 mm（未检查板料不得分）	5			

续附表2-13

考核内容		考核点及评分要求	分值	扣分	得分	备注
制作 (75分)	划线下料	1.依据样板尺寸计算展开料尺寸(尺寸计算错误扣5分) 2.划出加工线、弯折线，预留5~10 mm加工余量(未留余量或余量不足扣5分) 3.利用剪板机、铁皮剪刀去除多余部分，并砂光边缘(未砂光边缘扣5分)	15			
	敲制下弯边	1.对准模具，校平并压制减轻孔，孔边无裂纹、毛刺(模具未对准扣10分，孔边出现裂纹、毛刺扣5分) 2.利用内拔缘的方法敲制下弯边，外形、尺寸为20 mm(尺寸超差±1 mm扣5分) 3.及时去除制作过程中产生的毛刺、小裂纹，裂纹深度应符合尺寸要求(未及时去除毛刺或有小裂纹扣5分，裂纹深度影响成形尺寸扣10分)	20			
	敲制上弯边	1.利用外拔缘的方法敲制上弯边，外形、尺寸为20 mm(尺寸超差±1 mm扣5分) 2.及时去除制作过程中产生的毛刺、小裂纹，裂纹深度应符合尺寸要求(未及时去除毛刺或有小裂纹扣5分，裂纹深度影响成形尺寸扣10分)	20			
	样板检验	1.利用外形样板检查外形尺寸符合要求(尺寸超差±1 mm扣5分) 2.框板表面平整无鼓包、翘曲现象(框板表面出现鼓动、翘曲现象扣5分)	20			
整理现场 (5分)	清点工具，整理现场	1.工作现场秩序符合规定(3分) 2.遵守安全操作规程，清理工作现场(2分)	5			
合计			100			

(4)JN2-2-4：某型飞机"Z"形挤压型材的修理(附表2-14)

附表2-14 某型飞机"Z"形挤压型材的修理考核评分标准

JN2-2-4：某型飞机"Z"形挤压型材的修理						
考核时长：120 min		考核地点：生产现场			考核方式：实操	
任务描述：依据飞机"Z"形挤压型材外形尺寸特征，计算展开板料尺寸，制订加工方法，选择手工加工设备，选择锤击工具和量具等，分析各敲制工序可能出现的问题，避免产生裂纹，控制锤击力度，掌握好锤击部位。加工过程中考核其操作步骤是否正确及现场安全防护是否到位，加工完成后对零件进行尺寸测量，检验其是否符合实物外形尺寸要求						
操作设备：(1)折边机；(2)剪板机；(3)某型飞机"Z"形挤压型材						
工具：气钻、铆枪、顶铁、ϕ10 mm钻头、钻头(ϕ3.6 mm)、锪窝钻(ϕ3.5 mm)、护目镜						
操作材料：LY12-CZ-δ1.2，铆钉 HB6316-3.5×8，$L=205$mm，$B=50$ mm						

某型飞机"Z"形挤压型材的修理考核评分标准

考核内容		考核点及评分要求	分值	扣分	得分	备注
工作准备(30分)	损伤检查	测量损伤部位，确定外形和尺寸(未进行此项操作不得分)	15			
	场地准备	检查指定的工作钳台、折边机及手剪机是否符合制作要求(未进行此项操作不得分)	5			
	工、量具准备	依据工、量具清单到库房领取所需工、量具并检验有效期(出现缺少工具或未点验工具或未检查量具有效期不得分)	5			
	材料准备	检查板料、铆钉尺寸应符合制作要求：LY12-CZ-δ1.2，铆钉 HB6316-3.5×8(未检查板料不得分)	5			

续附表

考核内容		考核点及评分要求	分值	扣分	得分	备注
制作 (65 分)	划线下料	1. 正确计算展开尺寸(尺寸计算错误扣 3 分) 2. 划出加工线、弯折线(线条不清晰扣 1 分) 3. 利用剪板机、铁皮剪刀去除余量,并砂光边缘(未砂光边缘扣 1 分)	5			
	折边	依据所划弯折线在折边机上进行弯折,弯折尺寸为 20 mm(正确操作折边机得 5 分,尺寸超差±1mm 不得分)	10			
	铆钉布置	1. 边距不能小于 2D,间距不能小于 4D,自由边与腹板的铆钉个数为 4~5 个(间距、边距超差±1 mm 不得分) 2. 采用平头铆钉铆接(铆钉选择错误不得分)	10			
	切除损伤部位	1. 切除部位应大圆角过渡(出现尖角扣 10 分) 2. 切除部位应彻底,不能有裂纹、压伤现象(出现裂纹、压伤扣 10 分)	20			
	铆接	1. 钻孔、锪窝、铆接符合技术要求(孔位超差±1 mm 扣 5 分,锪窝表面出现裂纹、划伤扣 10 分) 2. 铆接后材料变形量不大于 0.5 mm(变形量大于 0.5 mm 不得分)	20			
整理现场 (5 分)	清点工具,整理现场	1. 工作现场秩序符合规定(3 分) 2. 遵守安全操作规程,清理工作现场(2 分)	5			
合计			100			

（5）JN2-2-5：某型飞机机身蒙皮划伤的修理（附表2-15）

附表2-15　某型飞机机身蒙皮划伤的修理考核评分标准

JN2-2-5：某型飞机机身蒙皮划伤修理

考核时长：120 min	考核地点：生产现场	考核方式：实操

任务描述：依据飞机机身蒙皮损伤情况，计算所需板料尺寸，制订修理方法，选择铆接方式，分析各修理工序可能出现的问题，避免产生损伤原构件现象，控制锤击力度，掌握好锤击部位，控制好镦头成形质量。加工过程中考核其操作步骤是否正确及现场安全防护是否到位

操作设备：（1）折边机；（2）剪板机；（3）某型飞机

工具：钢直尺、放大镜、气钻、铆枪、顶铁、$\phi10$ mm 钻头、钻头（$\phi3.6$ mm）、锪窝钻（$\phi3.5$ mm）、护目镜、砂纸

操作材料：LY12-M-δ1.2，$L=215$mm，$B=150$ mm，LY10 HB6316-3.5×8

某型飞机机身蒙皮划伤的修理考核评分标准

考核内容		考核点及评分要求	分值	扣分	得分	备注
工作准备（20分）	损伤检查	测量划伤深度、长度（未进行此项操作不得分）	5			
	场地准备	检查指定的工作钳台、折边机及手剪机是否符合制作要求（未进行此项操作不得分）	5			
	工、量具准备	依据工、量具清单到库房领取所需工、量具并检验有效期（出现缺少工具或未点验工具或未检查量具有效期不得分）	5			
	材料准备	检查板料尺寸应符合制作要求：LY12-M-δ1.2，$L=215$ mm，$B=150$ mm（未检查板料不得分）	5			

续附表2-15

考核内容		考核点及评分要求	分值	扣分	得分	备注
制作 (75分)	划线下料	1. 依据损伤情况确定下料尺寸(尺寸计算错误扣3分) 2. 划出铆钉布置图(布置图不清晰扣1分) 3. 利用剪板机、铁皮剪刀去除余量,并砂光边缘(板料边缘不光滑扣1分)	5			
	打磨划伤	1. 砂纸打磨划伤处,表面光滑,均匀过渡(表面出现打磨痕迹扣3分,未均匀过渡扣3分) 2. 划伤尖端按 $\phi 12$ mm 的直径打磨,与周围表面均匀过渡(打磨量未达到 $\phi 12$ mm 扣5分)	10			
	板材边缘倒角	1. 板料整个边缘45度倒角(未倒角扣5分,角度不正确扣5分) 2. 倒角深度为 0.2 mm(深度超标或未达到扣5分) 3. 板料边缘无毛刺(出现毛刺扣5分)	10			
	钻铆钉孔	1. 铆钉位置度±0.2 mm(超差扣5分) 2. 钉孔椭圆度在铆钉孔直径极限偏差内(超差±0.2 mm 扣5分) 3. 钉孔无棱角、破边、裂纹(出现棱角、破边、裂纹扣5分)	15			
	锪窝	1. 锪窝深度不能低于构件表面,突出量小于0.05 mm(超差扣5分) 2. 窝孔内光滑平整无划伤,没有偏窝(出现划伤、偏窝扣5分)	15			
	铆接	1. 铆接表面无明显捶痕(有明显捶痕扣5分) 2. 钉头、镦头无机械损伤(出现损伤每处扣1分) 3. 镦头直径、高度符合技术要求(出现超差每处扣1分) 4. 板料变形量小于0.2 mm(大于0.2 mm 扣5分)	20			
整理现场 (5分)	清点工具,整理现场	1. 工作现场秩序符合规定(3分) 2. 遵守安全操作规程,清理工作现场(2分)	5			
合计			100			

(6) JN2-2-6：某型飞机机身蒙皮破孔的修理（附表 2-16）

附表 2-16　某型飞机机身蒙皮破孔的修理考核评分标准

JN2-2-6：某型飞机机身蒙皮破孔的修理		
考核时长：120 min	考核地点：生产现场	考核方式：实操
任务描述：依据飞机机身蒙皮破孔损伤情况，计算所需板料尺寸，制订修理方法，选择修理用铆钉和铆接方式，分析各修理工序可能出现的问题，避免产生损伤原构件现象，控制锤击力度，掌握好锤击部位，控制好镦头成形质量。加工过程中考核其操作步骤是否正确及现场安全防护是否到位		
操作设备：(1)折边机；(2)剪板机；(3)某型飞机		
工具：钢直尺、放大镜、气钻、铆枪、顶铁、ϕ10 mm 钻头、钻头(ϕ3.6 mm)、锪窝钻(ϕ3.5 mm)、打磨机、圆规、刮刀、砂纸、游标卡尺、护目镜		
操作材料：LY12-M-δ1.2，$L=100$ mm，$B=100$ mm，LY10 HB6316-3.5×8		

某型飞机机身蒙皮破孔的修理考核评分标准

考核内容		考核点及评分要求	分值	扣分	得分	备注
工作准备 (20分)	损伤检查	测量破孔处直径(未进行此项操作不得分)	5			
	场地准备	检查指定的工作钳台、折边机及手剪机是否符合制作要求(未进行此项操作不得分)	5			
	工、量具准备	依据工、量具清单到库房领取所需工、量具并检验有效期(出现缺少工具或未点验工具或未检查量具有效期不得分)	5			
	材料准备	检查板料尺寸应符合制作要求：LY12-M-δ1.2，$L=215$ mm，$B=100$ mm(未检查板料不得分)	5			
制作 (75分)	划线下料	1. 依据损伤情况确定补片、衬片下料尺寸(下料尺寸过小不得分) 2. 划出铆钉布置图，铆钉交错排列(布置图违反铆钉排列原则不得分) 3. 利用剪板机、铁皮剪刀去除余量，并砂光边缘(板料未砂光边缘扣2分)	5			

续附表2-16

考核内容		考核点及评分要求	分值	扣分	得分	备注
制作 (75分)	损伤部位去除	1.采用风钻钻排孔的方式去除损伤部位,不能损伤边缘,应是一个完整的圆形(损伤边缘、形状缺损扣3分) 2.用旋转锉铣掉余量,佩戴护目镜,板料无划伤(未佩戴护目镜扣10分,划伤板料每处扣2分)	10			
	制作补片	1.依据损伤部位大小加工补片,对缝间隙小于等于0.5 mm(间隙大于0.5 mm扣5分) 2.补片应平整无变形、无划伤(板料变形、划伤扣5分)	10			
	制作衬片	1.依据损伤部位大小形状制作衬片,衬片大小应能满足双排连接需求(板料只能布置单排铆钉扣5分) 2.衬片边缘无毛刺、无机械损伤(出现毛刺、机械损伤扣5分)	10			
	钻孔	1.铆钉位置度±0.2 mm(超差每处扣2分) 2.钉孔椭圆度在铆钉孔直径极限偏差内(超差±0.2mm每处扣2分) 3.钉孔无棱角、破边、裂纹(出现棱角、破边、裂纹每处扣2分)	10			
	锪窝	1.锪窝深度不能低于构件表面,突出量小于0.05 mm(低于构件表面每处扣2分,大于0.05mm每处扣2分) 2.窝孔内光滑平整无划伤,没有偏窝(出现划伤、偏窝每处扣2分)	15			
	铆接	1.铆接表面无明显捶痕(出现明显捶痕每处扣2分) 2.钉头、镦头无机械损伤(出现损伤每处扣2分) 3.镦头直径、高度符合技术要求(出现超差每处扣2分) 4.板料变形量小于0.2 mm(大于0.2 mm扣5分)	15			
整理现场 (5分)	清点工具,整理现场	1.工作现场秩序符合规定(3分) 2.遵守安全操作规程,清理工作现场(2分)	5			
合计			100			

3. JN2-3：部附件修理

（1）JN2-3-1：某型发动机压气机叶片分解、称重排序与装配（附表2-17）

附表2-17 某型发动机压气机叶片分解、称重排序与装配考核评分标准

JN2-3-1：某型发动机压气机叶片分解、称重排序与装配		
考核时长：120 min	考核地点：生产现场	考核方式：实操
任务描述：根据工卡规范、正确完成某型发动机压气机叶片分解、称重排序与装配		
操作设备：（1）电子秤；（2）游标卡尺；（3）百分表；（4）专用表架；（5）什锦锉；（6）钢榔头；（7）铝芯棒；（8）胶木棒；（9）叶片存放箱；（10）錾子		
操作材料：（1）金属铅笔；（2）绢布；（3）HP-8号滑油；（4）RP-3号煤油		

某型发动机压气机叶片分解、称重排序与装配考核评分标准

考核内容		考核点及评分要求	分值	扣分	得分	备注
准备工作（15分）	研读工卡，明确操作内容	1. 施工前阅读并正确理解工作单的内容（3分） 2. 正确选择工艺文件资料并查找相关信息（2分）	5			
	清点操作所需的工装、辅材，有序摆放	1. 工作前按清单清点工具（2分） 2. 将工具整齐摆放到工作台上（1分） 3. 检查量具的校验期及标识的有效性（2分）	5			
	检查压气机状态	1. 正确检查压气机状态（2分） 2. 分解前用纸胶带分别堵好鼓筒上的孔，防止外来物进入（3分）	5			

续附表2-17

考核内容		考核点及评分要求	分值	扣分	得分	备注
压气机的分解（15分）	分解叶片的止动锁片	1. 用煤油浸润分解的叶片榫头（1分） 2. 手扶叶片用胶木棒轻敲压气机第九级叶片排气边顶部，使叶片松动（1分） 3. 用錾子将锁片从叶片榫头分离（2分） 4. 分解时要合理选择工具，正确使用工具（1分）	5			
	分解压气机叶片	1. 用钢榔头、铝芯棒及胶木棒敲打需分解的叶片榫头前端面，分解叶片（6分） 2. 装入叶片箱内（2分） 3. 分解时要合理选择工具，正确使用工具（2分） 4. 防止损伤叶片，如有叶片损伤则此项不得分	10			
叶片的称重与排序（33分）	叶片的检查	1. 核对九级叶片数量并签字（2分） 2. 检查叶片表面有无机械损伤（3分）	5			
	叶片的称重	1. 用电子天平称出第九级叶片的质量，其精确度应为0.1 g（6分） 2. 用红色金属铅笔将质量写在叶盆处（4分）	10			
	叶片的排序	1. 首先将称重后的叶片从重到轻依次排列在工作台上（4分） 2. 根据技术要求对叶片进行排序（6分）	10			
	叶片的调整	1. 按照技术要求用调整轻重叶片的方法补偿压气机鼓筒盘的不平衡量，补偿范围应在45°弧内（3分） 2. 用红色金属铅笔在所兑换的叶片上分别画上"#"号，然后按顺序在叶片上编号（2分）	5			
	叶片的登记及存放	1. 按叶片编号记录在登记表内（2分） 2. 按顺序将叶片装入叶片箱内（1分）	3			

续附表2-17

考核内容		考核点及评分要求	分值	扣分	得分	备注
压气机的装配(32分)	安装前的检查	1.核对叶片数量是否齐全(2分) 2.检查装配前各工序是否均已完成(2分)	4			
	安装锁片	1.分别将九级的锁片装于各榫槽内,用铝棒打紧(2分) 2.锁片应无轴向活动量(1分)	3			
	安装叶片	1.在鼓筒轻点处,按照调重叶片的数量,定出第一个叶片的安装位置(1分) 2.将叶片榫槽底涂一层滑油,按规定位置顺序用手插入榫槽1/3处(2分) 3.再用钢榔头通过铝芯棒将叶片打入(2分)	5			
	打紧锁片	1.按技术要求将锁片打紧(3分) 2.要合理选择工具,正确使用工具(2分) 3.防止损伤叶片,如有叶片损伤则此项不得分	5			
	检查榫头端面对轮盘的凹凸度及叶片切向活动量	1.按技术要求对榫头端面对轮盘的凹凸度及叶片切向活动量进行检查(8分) 2.要合理选择工具,正确使用工具(2分)	10			
	最终检查	对压气机转子进行检查,确保所有工序都按技术要求进行(5分)	5			
整理现场(5分)	清点工具,整理现场	1.工作现场秩序符合规定(2分) 2.遵守安全操作规程,清理工作现场(3分)	5			
合计			100			

（2）JN2-3-2：某型发动机燃烧室分解、修理与装配（附表2-18）

附表2-18　某型发动机燃烧室分解、修理与装配考核评分标准

JN2-3-2：某型发动机燃烧室分解、修理与装配		
考核时长：120 min	考核地点：生产现场	考核方式：实操
任务描述：根据工卡正确完成某型发动机燃烧室分解、修理与装配		
操作设备：（1）吊具；（2）装配车；（3）圆柱塞尺（一套）；（4）专用垫块；（5）专用校正夹具；（6）开口扳手，$S=10$ mm、$S=14$ mm、$S=22$ mm、$S=27$ mm；（7）保险钳；（8）尖嘴钳；（9）斜口钳；（10）钢榔头		
操作材料：（1）航空洗涤汽油；（2）180号溶剂油；（3）工业橡胶手套；（4）绢布手套		

某型发动机燃烧室分解、修理与装配考核评分标准

考核内容		考核点及评分要求	分值	扣分	得分	备注
准备工作（15分）	研读工卡，明确操作内容	1. 施工前阅读并正确理解工作单的内容（3分） 2. 正确选择工艺文件资料并查找相关信息（2分）	5			
	清点操作所需的工装、辅材，有序摆放	1. 工作前按清单清点工具（2分） 2. 将工具整齐摆放到工作台上（1分） 3. 检查量具的校验期及标识的有效性（2分）	5			
	检查燃烧室状态	正确检查燃烧室状态	5			

续附表2-18

考核内容		考核点及评分要求	分值	扣分	得分	备注
燃烧室的分解(25分)	导向器组件的分解	1.从燃烧室单元体上分解导向器后篦齿环、导向器内封严环,取出高压涡轮机匣组件及高压涡轮导向器(3分) 2.分解时要合理选择工具,正确使用工具(1分) 3.拆下后要及时安装堵盖(1分)	5			
	机匣内套及火焰筒的分解	1.从燃烧室单元体上分解机匣内套及火焰筒(3分) 2.分解时要合理选择工具,正确使用工具(1分) 3.拆下后要及时安装堵盖(1分)	5			
	燃油总管的分解	1.从燃烧室单元体上分解燃油总管(1分) 2.分解时要合理选择工具,正确使用工具(1分) 3.对于需要使用两个扳手拆卸的,一定要同时使用两个扳手进行拆卸(2分) 4.拆下后要及时安装堵头(1分)	5			
	燃油喷嘴的分解	1.从燃烧室单元体上分解燃油喷嘴(3分) 2.拆卸时要合理选择工具,正确使用工具(1分) 3.拆下后要及时安装堵盖(1分)	5			
	外部小附件的分解	1.从燃烧室单元体上分解外部小附件(3分) 2.拆卸时要合理选择工具,正确使用工具(1分) 3.拆下后要及时安装堵头、堵盖(1分)	5			

续附表 2-18

考核内容		考核点及评分要求	分值	扣分	得分	备注
燃烧室的修理(30分)	清洗	1. 按技术要求对燃烧室外套、机匣内套、封严环等零组件进行清洗(3分) 2. 对火焰筒除积碳,清洗(2分)	5			
	故障检查	1. 按技术要求对分解的零组件进行寿命控制检查(5分) 2. 按技术要求对分解的零组件进行故障检查(5分) 3. 按技术要求对火焰筒气膜间隙检查(5分)	15			
	修理	1. 按技术要求对零组件进行修理(5分) 2. 按技术要求对变形的地方进行校正(5分)	10			
燃烧室的装配(25分)	外部小附件的安装	1. 将外部小附件安装到燃烧室机匣上(1分) 2. 安装螺帽先用手带上至少3个螺纹,再用扳手拧紧,按规定要求磅紧力矩(2分) 3. 按要求进行保险(1分) 4. 安装时要合理选择、正确使用工具,各堵盖在安装前才能拆下(1分)	5			
	燃油喷嘴的安装	1. 将燃油喷嘴安装到燃烧室机匣上(1分) 2. 安装螺帽先用手带上至少3个螺纹,再用扳手拧紧,按规定要求磅紧力矩(2分) 3. 按要求进行保险(1分) 4. 安装时要合理选择、正确使用工具,各堵盖在安装前才能拆下(1分)	5			

续附表 2-18

考核内容		考核点及评分要求	分值	扣分	得分	备注
燃烧室的装配（25分）	燃油总管的安装	1.将燃油总管安装到燃烧室机匣上（1分） 2.导管安装要遵循从内向外的原则，导管上的堵盖在安装前再拆下，安装管路螺帽先用手带上至少3个螺纹，再用扳手拧紧（2分） 3.操作时要合理选择工具，正确使用工具，对于需要使用两个扳手安装的管螺母一定要同时使用两个扳手进行安装（1分） 4.按要求进行保险（1分）	5			
	火焰筒及机匣内套的安装	1.将火焰筒及机匣内套安装到燃烧室机匣上（1分） 2.安装螺帽先用手带上至少3个螺纹，再用扳手拧紧，按规定要求磅紧力矩（2分） 3.按要求进行保险（1分） 4.安装时要合理选择、正确使用工具，各堵盖在安装前才能拆下（1分）	5			
	导线器组件的安装	1.将导向器组件安装到燃烧室机匣上（1分） 2.安装螺帽先用手带上至少3个螺纹，再用扳手拧紧，按规定要求磅紧力矩（2分） 3.按要求进行保险（1分） 4.安装时要合理选择、正确使用工具，各堵盖在安装前才能拆下（1分）	5			
整理现场（5分）	清点工具，整理现场	1.工作现场秩序符合规定（3分） 2.遵守安全操作规程，清理工作现场（2分）	5			
合计			100			

（3）JN2-3-3：某型发动机涡轮叶片分解、称重排序与装配（附表2-19）

附表2-19 某型发动机涡轮叶片分解、称重排序与装配考核评分标准

JN2-3-3：某型发动机涡轮叶片分解、称重排序与装配						
考核时长：120 min		考核地点：生产现场			考核方式：实操	
任务描述：根据工卡正确完成某型发动机涡轮叶片分解、称重排序与装配						
操作设备：（1）电子秤；（2）游标卡尺；（3）百分表；（4）专用表架；（5）什锦锉；（6）钢榔头；（7）铝芯棒；（8）胶木棒；（9）叶片存放箱；（10）錾子						
操作材料：（1）金属铅笔；（2）绢布；（3）HP-8号滑油；（4）RP-3号煤油						

某型发动机涡轮叶片分解、称重排序与装配考核评分标准

考核内容		考核点及评分要求	分值	扣分	得分	备注
准备工作（15分）	研读工卡，明确操作内容	1.施工前阅读并正确理解工作单的内容（3分） 2.正确选择工艺文件资料并查找相关信息（2分）	5			
	清点操作所需的工装、辅材，有序摆放	1.工作前按清单清点工具（2分） 2.将工具整齐摆放到工作台上（1分） 3.检查量具的校验期及标识的有效性（2分）	5			
	检查涡轮状态	正确检查涡轮状态	5			

续附表2-19

考核内容		考核点及评分要求	分值	扣分	得分	备注
涡轮的分解(15分)	分解叶片的止动锁片	1. 用煤油浸润分解叶片榫头(1分) 2. 手扶叶片用胶木棒轻敲涡轮叶片排气边顶部，使叶片松动(1分) 3. 用錾子将锁片从叶片榫头分离(2分) 4. 分解时要合理选择工具，正确使用工具(1分)	5			
	分解涡轮叶片	1. 用钢榔头、铝芯棒及胶木棒敲打需分解的叶片榫头前端面，分解叶片(6分) 2. 装入叶片箱内(2分) 3. 分解时要合理选择工具，正确使用工具(2分) 4. 防止损伤叶片，如有叶片损伤则此项不得分	10			
叶片的称重与排序(30分)	叶片的检查	1. 核对涡轮叶片数量并签字(2分) 2. 检查叶片表面有无机械损伤(3分)	5			
	叶片的称重	1. 用电子天平称出涡轮叶片的质量，其精确度应为0.1g(6分) 2. 用红色金属铅笔将质量写在叶盆处(4分)	10			
	叶片的排序	1. 首先将称重后的叶片从重到轻依次排列在工作台上(4分) 2. 根据技术要求对叶片进行排序(6分)	10			
	叶片的登记及存放	1. 按叶片编号记录在登记表内(3分) 2. 按顺序将叶片装入叶片箱内(2分)	5			

续附表 2-19

考核内容		考核点及评分要求	分值	扣分	得分	备注
涡轮的装配（35分）	安装前的检查	1. 核对叶片数量是否齐全（3分） 2. 检查装配前各工序是否均已完成（2分）	5			
	安装锁片	1. 分别将涡轮叶片的锁片装于各榫槽内，用铝芯棒打紧（2分） 2. 锁片应无轴向活动量（3分）	5			
	安装叶片	1. 在涡轮盘轻点处，按照调整叶片的数量，定出第一个叶片的安装位置（1分） 2. 将叶片榫槽底涂一层滑油，按规定位置顺序用手插入榫槽1/3处（2分） 3. 用钢榔头通过铝芯棒将叶片打入（2分）	5			
	打紧锁片	1. 按技术要求将锁片打紧（3分） 2. 要合理选择工具，正确使用工具（2分） 3. 防止损伤叶片，如有叶片损伤则此项不得分	5			
	检查榫头端面对轮盘的凹凸度及叶片切向活动量	1. 按技术要求对榫头端面对轮盘的凹凸度及叶片切向活动量进行检查（8分） 2. 要合理选择工具，正确使用工具（2分）	10			
	最终检查	1. 对涡轮进行检查（3分） 2. 确保所有工序都按技术要求进行（2分）	5			
整理现场（5分）	清点工具，整理现场	1. 工作现场秩序符合规定（3分） 2. 遵守安全操作规程，清理工作现场（2分）	5			
合计			100			

(4)JN2-3-4：某型发动机燃油泵分解、修理与装配(附表2-20)

附表2-20 某型发动机燃油泵分解、修理与装配考核评分标准

JN2-3-4：某型发动机燃油泵分解、修理与装配							
考核时长：120 min		考核地点：生产现场			考核方式：实操		
任务描述：根据工卡正确完成某型发动机燃油泵分解、修理与装配							
操作设备：(1)工作台；(2)装配架；(3)外径千分尺；(4)专用垫块；(5)专用夹具；(6)开口扳手 $S=10$ mm、$S=14$ mm、$S=22$ mm、$S=27$ mm；(7)保险钳；(8)尖嘴钳；(9)斜口钳(10)钢榔头							
操作材料：(1)航空洗涤汽油；(2)180 号溶剂油；(3)工业橡胶手套；(4)绢布手套							

某型发动机燃油泵分解、修理与装配考核评分标准

考核内容		考核点及评分要求	分值	扣分	得分	备注
准备工作 (15分)	研读工卡，明确操作内容	1.施工前阅读并正确理解工作单的内容(3分) 2.正确选择工艺文件资料并查找相关信息(2分)	5			
	清点操作所需的工装、辅材，有序摆放	1.工作前按清单清点工具(2分) 2.将工具整齐摆放到工作台上(1分) 3.检查量具的校验期及标识的有效性(2分)	5			
	检查燃油泵状态	正确检查燃油泵状态	5			

续附表2-20

考核内容		考核点及评分要求	分值	扣分	得分	备注
燃油泵的分解(30分)	操纵组件的分解	1. 从燃油泵壳体上分解操纵组件(3分) 2. 分解时要合理选择工具,正确使用工具(1分) 3. 拆下后要及时安装堵盖(1分)	5			
	液压延迟器的分解	1. 从燃油泵壳体上分解液压延迟器(3分) 2. 分解时要合理选择工具,正确使用工具(1分) 3. 拆下后要及时安装堵盖(1分)	5			
	起动调节器的分解	1. 从燃油泵壳体上分解起动调节器(3分) 2. 分解时要合理选择工具,正确使用工具(1分) 3. 拆下后要及时安装堵盖(1分)	5			
	升压限制器的分解	1. 从燃油泵壳体上分解升压限制器(3分) 2. 分解时要合理选择工具,正确使用工具(1分) 3. 拆下后要及时安装堵盖(1分)	5			
	层板节流器的分解	1. 从燃油泵壳体上分解层板节流器(3分) 2. 分解时要合理选择工具,正确使用工具(1分) 3. 拆下后要及时安装堵盖(1分)	5			
	供油组件的分解	1. 从燃油泵壳体上分解供油组件(3分) 2. 分解时要合理选择工具,正确使用工具(1分) 3. 拆下后要及时安装堵盖(1分)	5			

续附表2-20

考核内容		考核点及评分要求	分值	扣分	得分	备注
燃油泵的修理(20分)	清洗	按技术要求对操纵组件、起动调节器、升压限制器、层板节流器、液压延迟器和供油组件进行清洗(5分)	5			
	故障检查	1.按技术要求对零组件进行寿命控制检查(5分) 2.按技术要求对零组件进行故障检查(5分)	10			
	修理	1.按技术要求对零组件进行修理(3分) 2.按技术要求对变形的地方进行校正(2分)	5			
燃油泵的装配(30分)	供油组件的安装	1.按技术要求将供油组件安装到燃油泵壳体上(1分) 2.安装螺帽时先用手带上至少3个螺纹,再用扳手拧紧(1分) 3.目测及用手往外拉动传动杆检查装配是否到位、斜盘轴承壳体与油泵壳体之间的间隙是否符合要求(2分) 4.安装时要合理选择、正确使用工具,各堵盖在安装前才能拆下(1分)	5			
	层板节流器的安装	1.按技术要求将层板节流器安装到燃油泵壳体上(1分) 2.安装时先用手带上至少3个螺纹,再用扳手拧紧(1分) 3.注意检查层板节流器的流量是否符合技术要求(2分) 4.安装时要合理选择、正确使用工具,各堵盖在安装前才能拆下(1分)	5			

续附表2-20

考核内容		考核点及评分要求	分值	扣分	得分	备注
燃油泵的装配(30分)	升压限制器的安装	1. 按技术要求将升压限制器安装到燃油泵壳体上(1分) 2. 安装时先用手带上至少3个螺纹,再用扳手拧紧(1分) 3. 检查调整螺钉与膜盒盖子的高度是否符合要求(2分) 4. 安装时要合理选择、正确使用工具,各堵盖在安装前才能拆下(1分)	5			
	起动调节器的安装	1. 按技术要求将起动调节器安装到燃油泵壳体上(2分) 2. 安装时先用手带上至少3个螺纹,再用扳手拧紧(2分) 3. 安装时要合理选择、正确使用工具,各堵盖在安装前才能拆下(1分)	5			
	液压延迟器的安装	1. 按技术要求将液压延迟器安装到燃油泵壳体上(1分) 2. 安装时先用手带上至少3个螺纹,再用扳手拧紧,按技术要求进行保险(2分) 3. 检查液压延迟器顶杆与活塞结合面的间隙是否符合要求(1分) 4. 安装时要合理选择、正确使用工具,各堵盖在安装前才能拆下(1分)	5			
	操纵组件的安装	1. 按技术要求将操纵组件安装到燃油泵壳体上(1分) 2. 安装时先用手带上至少3个螺纹,再用扳手拧紧(2分) 3. 按技术要求进行保险(1分) 4. 安装时要合理选择、正确使用工具,各堵盖在安装前才能拆下(1分)	5			
整理现场(5分)	清点工具,整理现场	1. 工作现场秩序符合规定(3分) 2. 遵守安全操作规程,清理工作现场(2分)	5			
合计			100			

（5）JN2-3-5：某型发动机传装中介机匣与高压转子装配（附表2-21）

附表 2-21　某型发动机传装中介机匣与高压转子装配考核评分标准

JN2-3-5：某型发动机传装中介机匣与高压转子装配		
考核时长：120 min	考核地点：生产现场	考核方式：实操
任务描述：根据工卡正确完成某型发动机传装中介机匣与高压转子的装配		
操作设备：（1）吊具；（2）支承座；（3）梯步架；（4）垫块；（5）专用夹具；（6）开口扳手 $S=$ 10 mm；（7）千分尺 0~25 mm；（8）深度游标卡尺 0~300 mm；（9）行车 $\not< 1T$		
操作材料：（1）航空洗涤汽油；（2）180 号溶剂油；（3）工业橡胶手套；（4）绢布手套		

某型发动机中介机匣与高压转子装配考核评分标准

考核内容		考核点及评分要求	分值	扣分	得分	备注
准备工作（20分）	研读考试工卡，明确操作内容	1. 施工前阅读并正确理解工作单的内容（3分） 2. 正确选择工艺文件资料并查找相关信息（2分）	5			
	清点操作所需的工装、辅材，有序摆放	1. 工作前按清单清点工具（2分） 2. 将工具整齐摆放到工作台上（1分） 3. 检查量具的校验期及标识的有效性（2分）	5			
	检查发动机状态	1. 正确检查压气机转子与中介机匣的状态（3分） 2. 各个零组件不能有压痕、毛刺、擦伤等机械损伤（3分） 3. 零组件的成套性必须符合要求（4分）	10			
中介机匣与高压转子对接（75分）	起吊高压转子	1. 正确使用吊具吊起高压转子（6分） 2. 起吊前必须检查吊具是否安装到位（4分）	10			
	将高压转子吊至支承座上	1. 正确进行吊具的移动（3分） 2. 使用行吊前要检查行吊的安全性（2分）	5			

续附表2-21

考核内容		考核点及评分要求	分值	扣分	得分	备注
中介机匣与高压转子对接（75分）	测量高压转子小零件的各项固有尺寸	1. 能正确选择测量工具进行测量（5分） 2. 能将测量的数值正确填入登记表内（5分） 3. 能根据技术要求对测量的数据进行计算（5分）	15			
	选配调整垫	能根据计算出来的数据正确选择调整垫（5分）	5			
	安装小零件	根据技术要求，正确装配胶圈、调整垫、衬套、封严环、轴承内钢套下半环（5分）	5			
	在中介机匣上安装夹具	正确进行夹具安装（5分）	5			
	起吊中介机匣	1. 正确使用吊具吊起中介机匣（4分） 2. 起吊前必须检查吊具是否安装到位（3分） 3. 使用行吊前要检查行吊的安全性（3分）	10			
	将中介机匣吊装至高压转子前轴颈上	1. 正确对接机件（4分） 2. 起吊前必须检查吊具是否安装到位（3分） 3. 使用行吊前要检查行吊的安全性（3分）	10			
	安装滚珠轴承	1. 按技术要求将滚珠轴承安装到压气机前轴颈和中介机匣安装座上（5分） 2. 按技术要求拧紧固定螺栓到规定力矩值，并按要求进行保险（5分）	10			
整理现场（5分）	清点工具，整理现场	1. 工作现场秩序符合规定（2分） 2. 遵守安全操作规程，清理工作现场（3分）	5			
合计			100			

（6）JN2-3-6：某型发动机总装补油电磁活门分解与装配（附表2-22）

附表2-22 某型发动机总装补油电磁活门分解与装配考核评分标准

JN2-3-6：某型发动机总装补油电磁活门分解与装配

考核时长：120 min	考核地点：生产现场	考核方式：实操

任务描述：根据工卡规范、正确完成某型发动机总装补油电磁活门分解与装配

操作设备：（1）装配车；（2）圆柱塞尺（一套）；（3）开口扳手：$S=9\ mm×11\ mm$，$S=10\ mm×12\ mm$，$S=14\ mm×17\ mm$，$S=17\ mm×19\ mm$，$S=22\ mm×24\ mm$；（4）鱼口钳；（5）尖嘴钳；（6）斜口钳；（7）自动保险钳；（8）锁片钳；（9）S芯棒；（10）钢榔头；（11）錾子

操作材料：（1）航空洗涤汽油；（2）保险丝；（3）锁片

某型发动机总装补油电磁活门分解与装配考核评分标准

考核内容		考核点及评分要求	分值	扣分	得分	备注
准备工作（20分）	研读工卡，明确操作内容	1.施工前阅读并正确理解工作单的内容（3分） 2.正确选择工艺文件资料并查找相关信息（2分）	5			
	清点操作所需的工装、辅材，有序摆放	1.工作前按清单清点工具（3分） 2.将工具整齐摆放到工作台上（3分） 3.检查量具的校验期及标识的有效性（4分）	10			
	检查发动机补油电磁活门状态	正确检查发动机补油电磁活门状态（5分）	5			

续附表2-22

考核内容		考核点及评分要求	分值	扣分	得分	备注
补油电磁活门的分解(25分)	电缆接头的分解	1.去除保险(1分) 2.从补油电磁活门上分解电缆接头(3分) 3.分解时要合理选择工具,正确使用工具,拆下后要及时安装堵盖(1分)	5			
	进油管的分解	1.去除保险(2分) 2.分解从补油电磁活门通往主燃油泵的燃油进油管及卡箍(3分) 3.分解时要合理选择工具,正确使用工具(2分) 4.对于需要使用两个扳手分解的,一定要同时使用两个扳手,拆下后要及时安装堵盖(3分)	10			
	出油管的分解	1.去除保险(1分) 2.分解从补油电磁活门通往副油路进油管的燃油出油管(2分) 3.分解时要合理选择工具,正确使用工具(1分) 4.对于需要使用两个扳手分解的一定要同时使用两个扳手,拆下后要及时安装堵盖(1分)	5			
	补油电磁活门的分解	1.去除保险(2分) 2.从发动机安装座上分解补油电磁活门的卡箍固定螺栓,取下补油电磁活门(2分) 3.分解时要合理选择工具,正确使用工具(1分)	5			

续附表2-22

考核内容		考核点及评分要求	分值	扣分	得分	备注
补油电磁活门的装配（50分）	补油电磁活门的装配	1.将补油电磁活门用卡箍和固定螺栓安装到发动机安装座上（3分） 2.安装螺帽时先用手带上至少3个螺纹，再用扳手拧靠。注意：为了方便后续安装，先不拧紧（4分） 3.安装时要合理选择、正确使用工具，各堵盖在安装前才能拆下（3分）	10			
	出油管的装配	1.按技术要求安装从补油电磁活门通往副油路进油管的燃油出油管（2分） 2.安装螺帽时先用手带上至少3个螺纹，再用扳手拧靠（2分） 3.安装时要合理选择、正确使用工具，各堵盖在安装前才能拆下（1分）	5			
	进油管的装配	1.按技术要求安装从补油电磁活门通往副油路进油管的燃油进油管及卡箍（4分） 2.安装螺帽时先用手带上至少3个螺纹，再用扳手拧靠（4分） 3.安装时要合理选择、正确使用工具，各堵盖在安装前才能拆下（2分）	10			
	拧紧各个连接处	1.按技术要求依次拧紧补油电磁活门卡箍的固定螺栓及各管路的连接螺帽和管夹的固定螺栓（6分） 2.按规定要求磅紧力矩（5分） 3.按要求进行保险（6分） 4.安装时要合理选择、正确使用工具（3分）	20			
	电缆接头的装配	1.将电缆接头安装到补油电磁活门上（1分） 2.安装螺帽时先用手带上至少3个螺纹，再用扳手拧紧（1分） 3.按要求进行保险（2分） 4.安装时要合理选择、正确使用工具，各堵盖在安装前才能拆下（1分）	5			
整理现场（5分）	清点工具，整理现场	1.工作现场秩序符合规定（2分） 2.遵守安全操作规程，清理工作现场（3分）。	5			
合计			100			

4. JN2-4：试车

（1）JN2-4-1：某型发动机台架系统的使用与维护（附表2-23）

附表 2-23　某型发动机台架系统的使用与维护考核评分标准

JN2-4-1：某型发动机台架系统的使用与维护		
考核时长：120 min	考核地点：生产现场	考核方式：实操

任务描述：某型发动机试车台架系统的使用与维护

操作设备：(1)燃油系统；(2)液压负荷系统；(3)油封系统；(4)加力吹风系统

工具：(1)尖嘴钳、斜口钳
(2)开口扳手：$S=10$ mm×12 mm，$S=5$ mm×7 mm，$S=14$ mm×17 mm（2 把），$S=17$ mm×19 mm（2 把），$S=19$ mm×22 mm，$S=22$ mm×24 mm，$S=27$ mm×30 mm，$S=30$ mm×32 mm，$S=36$ mm×41 mm
(3)套筒扳手：$S=9$ mm，$S=10$ mm，$S=11$ mm，$S=17$ mm
(4)塞尺：5.5 mm，6.0 mm；游标卡尺 0~125 mm

辅材：铅封片、保险丝(ϕ0.8 mm)、试车记录单、签字笔

某型发动机台架系统的使用与维护考核评分标准

考核内容		考核点及评分要求	分值	扣分	得分	备注
台架燃油系统 (32 分)	燃油流量计拆卸与安装	涡轮流量计拆装；进出口安装方向；安装后系统放气；密封性检查 正确操作得 6 分，否则酌情扣分	6			
	粗油滤的拆装、检查、清洗	粗油滤拆装、检查(破损、脱线)、清洗的方法；容器连接接地线；安装后系统放气；密封性 正确操作得 6 分，否则酌情扣分	6			
	细油滤的拆装、检查、清洗	细油滤拆装、检查(破损、脱线)、清洗的方法；容器连接接地线；安装后系统放气；密封性 正确操作得 6 分，否则酌情扣分	8			
	橡胶软管质量检查	燃油泵有无折痕、裂纹、老化；密封性；进口软管更换 无漏项得 6 分，否则酌情扣分	6			
	回油开关密封性	台架回油开关密封无泄漏，关闭开关压力无下降 正确操作得 6 分，否则酌情扣分	6			

续附表2-23

考核内容		考核点及评分要求	分值	扣分	得分	备注
台架液压负荷系统（19分）	过滤元件的拆装与安装	拆卸前泄压；拆卸过滤元件；密封圈无损伤；密封性 正确操作得6分，否则酌情扣分	6			
	过滤元件的检查、清洗	滤网有无破损、机械杂质；用洗涤汽油清洗；容器连接接地线 正确操作得6分，否则酌情扣分	6			
	流量计的安装与拆卸	电动节流阀拆卸安装、安装方向、密封性 正确操作得7分，否则酌情扣分	7			
作动筒油封系统（20分）	油封泵的安装与拆卸	正确拆装油封泵；托住油封泵防止传动齿轮受力变形；密封性 正确操作得8分，否则酌情扣分	8			
	过滤元件的检查、清洗	滤网有无破损、机械杂质；用洗涤汽油清洗；容器连接接地线 正确操作得6分，否则酌情扣分	6			
	压力阀拆卸安装与调整	正确拆装调压阀；按规定调整压力；密封性 正确操作得6分，否则酌情扣分	6			
加力吹风系统（24分）	吹风管路密封性	吹风管各结合处不漏气 检查不漏项得6分，否则酌情扣分	6			
	测量风压系统密封性	皮托管风压测量系统密封性（根据动压头水柱变化量） 检查不漏项得6分，否则酌情扣分	6			
	吹风量计算	按公式计算吹风；排除吹风故障 计算正确得6分，否则酌情扣分	6			
	加力吹风罩质量检查	吹风罩与加力燃烧室结合处间隙、裂纹、变形 检查不漏项得6分，否则酌情扣分	6			
整理现场（5分）	清点工具，整理现场	1. 工作现场秩序符合规定(2分) 2. 遵守安全操作规程，清理工作现场(3分)	5			
合计			100			

（2）JN2-4-2：某型发动机在台架上的安装与拆卸（附表2-24）

附表2-24　某型发动机在台架上的安装与拆卸考核评分标准

JN2-4-2：某型发动机在台架上的安装与拆卸

考核时长：120 min	考核地点：生产现场	考核方式：实操

任务描述：某型发动机在试车台架上的安装与拆卸

操作设备：（1）某型发动机试车台架；（2）某型涡喷发动机；（3）行车

工具：（1）尖嘴钳、斜口钳

（2）开口扳手：$S=10$ mm×12 mm，$S=5$ mm×7 mm，$S=14$ mm×17 mm（2 把），$S=17$ mm×19 mm（2 把），$S=19$ mm×22 mm，$S=22$ mm×24 mm，$S=27$ mm×30 mm，$S=30$ mm×32 mm，$S=36$ mm×41 mm

（3）套筒扳手：$S=9$ mm，$S=10$ mm，$S=11$ mm，$S=17$ mm

（4）塞尺：5.5 mm，6.0 mm；游标卡尺0~125 mm

辅材：铅封片、保险丝（$\phi0.8$ mm）、试车记录单、签字笔

某型发动机在台架上的安装与拆卸考核评分标准

考核内容		考核点及评分要求	分值	扣分	得分	备注
接收发动机（10分）	核对附件履历本实物与文件相符、数量相等	附件履历本实物与文件相符，文件齐全，应有工作者、检验员签字 检查不漏项得2分，否则不得分	2			
	修理装配卷宗齐全并签字	卷宗内容无漏项，试车通知单明确试车任务 检查不漏项得2分，否则不得分	2			
	发动机外观质量：部附件、叶片无损伤	发动机部附件齐全、无损伤 检查不漏项得2分，否则不得分	2			
	导管连接紧固，无变形压坑、电缆导线无损伤	导管、电缆无损伤，保险铅封完整、无错漏 检查不漏项得2分，否则不得分	2			
	涡轮、压气机叶片	可视范围内检查压气机、涡轮叶片无损伤变形 检查不漏项得2分，否则不得分	2			

续附表2-24

考核内容		考核点及评分要求	分值	扣分	得分	备注
安装前的整理（6分）	安装卸荷腔工艺测量导管及引气管	工艺测量导管及引气管安装正确、牢固、无损伤 安装不漏项得2分，否则不得分	2			
	安装后支承工艺吹风导管	工艺测量导管及引气管安装正确、牢固、无损伤 检查不漏项得2分，否则不得分	2			
	安装振动传感器、转速传感器	安装正确、牢固；传感器、连接导线无损伤 安装不漏项得2分，否则不得分	2			
吊装发动机（14分）	将发动机吊起并移动到台架承力销处，插入并锁紧	销子插入到位，吊起发动机移动要稳，插入承力销轴并锁紧 检查不漏项5分，否则不得分	5			
	吊装加力燃烧室	吊具无变形损伤，销子插入到位 安装不漏项得4分，否则不得分	4			
	加力燃烧与发动机连接	安装快卸环，卡环槽应卡入扩散器凸缘处将开口处锁紧并保险 安装不漏项得5分，否则不得分	5			

续附表2-24

考核内容		考核点及评分要求	分值	扣分	得分	备注
安装测试导管及附件(41分)	安装所有压力测试导管	喇叭口、螺纹、导管无损伤、无多余物,使用双扳手 安装到位得5分,不到位酌情扣分	5			
	安装测温热电偶(T4、T2)	热电偶无损伤、裂纹,导线绝缘层无破损 安装到位得5分,否则不得分	5			
	安装振动传感器连接导线	振动传感器无损伤、接线插针无变形、导线绝缘层无破损 安装到位得5分,否则不得分	5			
	安装施工进气道	安装结合部橡胶圈无损伤、脱落、变形,进气道无裂纹、无多余物 安装到位得4分,否则不得分	4			
	安装油门操纵杆及电缆总插头	调整杆两端接耳插入量,插针无弯曲变形、脱焊,导线绝缘层无损伤 安装到位得4分,否则不得分	4			
	安装起动电机导线、吹风导管	导线极性按接线标识安装,牢固无松动,吹风管内无多余物,连接可靠 安装到位得4分,否则不得分	4			
	安装液压泵	结合面应有胶圈、无破损,传动杆无损伤变形,托住液压泵防止传动杆受力 安装到位得4分,否则不得分	5			
	安装加力吹风罩	吹风罩无损伤,与机体无间隙,固定牢靠 安装不到位扣4分	4			
	安装低压燃油泵供油管	供油管内无多余物,连接牢靠无漏油 安装到位得4分,否则不得分	5			

续附表2-24

考核内容		考核点及评分要求	分值	扣分	得分	备注
安装后的检查（14分）	发动机固定和安装情况及承力销热间隙	主承力销轴的锁紧、保险、热间隙 检查到位得2分，否则不得分	2			
	加力燃烧室安装固定	承力销轴进行保险，螺钉紧固 检查到位得2分，不到位酌情扣分	2			
	进气道内无多余物、防护网无破损	进气道内无多余物，防护网无破损 检查到位得2分，否则不得分	2			
	各测试管路连接	所有测量系统的管路连接完好，无漏油现象 检查到位得2分，否则不得分	2			
	热电偶、传感器、导线连接	热电偶、传感器、导线连接良好，无错漏 检查到位得2分，否则不得分	2			
	吹风管连接	连接处无漏气 检查到位得2分，不到位酌情扣分	2			
	喷口移动时间、同步性、加力域角	喷口移动时间、同步性、加力域角检查操作 检查到位得2分，否则不得分	2			
注油及放气（7分）	滑油箱加注滑油	加注油量达到规定 加注油量符合规定得4分，否则不得分	4			
	燃油系统放气	燃油系统放气 操作正确得3分，否则不得分	3			
安装后工作（8分）	安装单逐项签字	逐项签字 按规定项签字得3分，否则不得分	3			
	清点工具，整理现场	1.工作现场秩序符合规定(2分) 2.遵守安全操作规程，清理工作现场(3分)	5			
合计			100			

（3）JN2-4-3：某型发动机试车准备（附表2-25）

附表2-25 某型发动机试车准备考核评分标准

JN2-4-3：某型发动机试车准备		
考核时长：120 min	考核地点：生产现场	考核方式：实操
任务描述：对某型发动机进行试车准备		
操作设备：(1)某型发动机试车台架；(2)某型涡喷发动机		
工具：(1)尖嘴钳、斜口钳 (2)开口扳手：$S=10$ mm×12 mm，$S=5$ mm×7 mm，$S=14$ mm×17 mm(2把)，$S=17$ mm×19 mm(2把)，$S=19$ mm×22 mm，$S=22$ mm×24 mm，$S=27$ mm×30 mm，$S=30$ mm×32 mm，$S=36$ mm×41 mm (3)套筒扳手：$S=9$ mm，$S=10$ mm，$S=11$ mm，$S=17$ mm (4)塞尺：5.5 mm，6.0 mm；游标卡尺0~125 mm		
辅材：铅封片、保险丝(ϕ0.8 mm)、试车记录单、签字笔		

某型发动机试车准备考核评分标准

考核内容		考核点及评分要求	分值	扣分	得分	备注
试车准备 (46分)	发动机固定及安装情况	检查主承力销轴的锁紧、保险 检查到位得5分，未检查不得分	5			
	发动机拉杆及主承力销热间隙	调整拉杆并调整热间隙值 检查到位得5分，未检查不得分	5			
	进气道内有无多余物	进气道拉紧螺栓紧固良好，无多余物、无损伤 检查到位得5分，未检查不得分	3			
	各测试管路、传感器安装固定	导管紧固无损伤，传感器无损伤，导管与导管、导管与机匣无间隙 检查到位得5分，不到位酌情扣分	5			
	液压泵安装固定	检查液压泵快卸环螺栓紧固情况，两半环间隙均匀 检查到位得3分，未检查不得分	3			

续附表2-25

考核内容		考核点及评分要求	分值	扣分	得分	备注
试车准备（46分）	热电偶的固定	检查热电偶连接紧固情况，导线无损伤 检查到位得3分，未检查不得分	3			
	供油管密封性及打开	供油管密封性好，工作压力符合要求 检查到位得3分，未检查不得分	3			
	起动电机导线固定	导线连接正确、紧固、无损伤 检查到位得4分，未检查不得分	4			
	加力燃烧室与主机固定	检查加力与扩散器快卸环紧固情况及保险 检查到位得4分，未检查不得分	4			
	起动前电源电路开关	各电源开关、按钮及转换开关置于工作位置 正确选择接通开关按钮得3分，不正确不得分	3			
	试车记录单准备及填写情况	准备试车记录单，填写完整、无漏项 填写正确、不漏项得3分，漏项酌情扣分	3			
	清点工具、清理现场	工具清点及签字情况 清点工具并签字得5分，未清点不得分	5			

续附表2-25

考核内容		考核点及评分要求	分值	扣分	得分	备注
启封发动机（29分）	启封发动机	启封发动机开关按钮接通正确，操作正确性 操作正确得5分，错误酌情扣分	5			
	转子转动有无异常声	检查各燃油、滑油管路连接处密封性 检查到位得5分，否则酌情扣分	5			
	高、低压转子转速	记录高低压转子转速，耳听有无异常声 检查到位得4分，否则酌情扣分	4			
	滑油系统压力	检查滑油压力出现时间、压力值 检查到位得5分，否则酌情扣分	5			
	各管路结合处密封性	检查燃油、滑油、液压管路密封性 检查到位得5分，否则酌情扣分	5			
	各机匣结合处密封性	检查扩散器、导向器机匣结合处密封性 检查到位得5分，否则酌情扣分	5			
冷运转（15分）	吹出发动机内部积油	检查启封后加力燃烧室内的燃油 内部积油清理干净得5分，否则不得分	5			
	检查高、低压转子转速	通过转速表记录转速 记录正确得5分，否则酌情扣分	5			
	检查滑油系统工作压力	检查滑油系统出口压力在规定范围 检查到位得5分，否则酌情扣分	5			
停车后工作（10分）	检查滑油箱油位并补充滑油	确定滑油位并补加到规定值 检查到位得5分，否则不得分	5			
	清点工具，整理现场	1.工作现场秩序符合规定（2分） 2.遵守安全操作规程，清理工作现场（3分）	5			
合计			100			

（4）JN2-4-4：某型发动机第一遍试车（附表2-26）

附表2-26　某型发动机第一遍试车考核评分标准

JN2-4-4：某型发动机第一遍试车		
考核时长：120 min	考核地点：生产现场	考核方式：实操

任务描述：对某型发动机进行第一遍试车

操作设备：（1）某型发动机试车台架；（2）某型涡喷发动机

工具：（1）尖嘴钳、斜口钳
（2）开口扳手：$S=10$ mm×12 mm，$S=5$ mm×7 mm，$S=14$ mm×17 mm（2把），$S=17$ mm×19 mm（2把），$S=19$ mm×22 mm，$S=22$ mm×24 mm，$S=27$ mm×30 mm，$S=30$ mm×32 mm，$S=36$ mm×41 mm
（3）套筒扳手：$S=9$ mm，$S=10$ mm，$S=11$ mm，$S=17$ mm
（4）塞尺：5.5 mm，6.0 mm；游标卡尺0~125 mm

辅材：铅封片、保险丝（$\phi0.8$ mm）、试车记录单、签字笔

某型发动机第一遍试车考核评分标准

考核内容		考核点及评分要求	分值	扣分	得分	备注
起动前工作（16分）	发动机及加力固定情况	检查主承力销轴的锁紧、保险 检查到位得2分，否则酌情扣分	2			
	进气道内无多余物	进气道拉紧螺栓紧固良好，防护网无破损及多余物 检查到位得2分，否则酌情扣分	2			
	压气机、涡轮叶片无损伤	可视范围内检查压气机、涡轮叶片无损伤、变形 检查到位得2分，否则酌情扣分	2			
	打开台架供油开关	检查供油开关无漏油，压力符合规定 检查到位得2分，否则酌情扣分	2			
	台架总电源、整流器、补油以及起动燃油开关置于工作位置	正确选择起动前应接通的各开关按钮 开关到位得2分，否则酌情扣分	2			
	起动转换开关置于起动位置	起动转换开关置于起动位置 开关到位得2分，否则酌情扣分	2			
	清点工具、清理现场	工具数量齐全完好，现场清洁 检查到位得2分，否则酌情扣分	2			
	试车记录单上工作者、组长、检验员签字	工作者、组长、检验员应在相应栏内签字 逐项签字得2分，否则酌情扣分	2			

续附表2-26

考核内容		考核点及评分要求	分值	扣分	得分	备注
自动起动（18分）	油门手柄置于慢车位置	油门手柄置于慢车位置的中线位置 位置正确得3分，否则不得分	3			
	滑油压力出现时间	按下起动按钮后检查滑油压力出现的时间 检查并记录得3分，否则不得分	2			
	放气活门关闭转速	检查并记录放气活门关闭转速 检查并记录得3分，否则不得分	3			
	起动机脱开转速	检查并记录起动机脱开转速 检查并记录得3分，否则不得分	3			
	排气温度急增最大值	检查并记录排气温度急增最大值，超出规定则立即停车并进行调整 检查并记录得5分，否则不得分	5			
	N_1 转速到慢车时间	检查 N_1 转速到慢车的时间 检查并记录得2分，否则不得分	2			
磨合发动机（10分）	在规定转速下磨合发动机	在规定转速磨合、规定时间内工作，检查排气温度、滑油压力等 检查并记录得2分，否则不得分	2			
	在规定转速下暖机	正确操作发动机并达暖机转速，检查或调整滑油压力 在规定转速下工作得2分，否则不得分	2			
	喷口放大协动转速 喷口收小协动转速	正确操作，检查或调整发动机喷口收放协动转速 正确检查并记录得3分，不正确不得分	3			
	喷口在最大和全加力状态转速差	正确操作发动机转换喷口，检查喷口在最大和全加力状态的转速差 正确操作得3分，不正确酌情扣分	3			

续附表2-26

考核内容		考核点及评分要求	分值	扣分	得分	备注
性能检查与调整（20分）	压力参数	检查滑油压力、排气温度、振动等 正确检查并记录参数得4分，记录漏项酌情扣分	4			
	0.8 额定性能参数	在0.8 额定规定转速下录取或调整发动机推力、耗油量 正确录取或调整性能得4分，不正确不得分	4			
	最大状态参数记录	检查排气温度、振动值、卸荷腔压力、传动机匣内腔压力、滑油压力等 正确检查记录参数得3分，记录漏项酌情扣分	3			
	最大状态性能录取	在最大状态规定转速下录取或调整发动机推力、耗油量 正确录取性能得3分，不正确不得分	3			
	性能计算	计算推力、耗油率 计算正确得3分，不正确不得分	3			
		计算台架点、转差等 计算正确得3分，不正确不得分	3			

续附表2-26

考核内容		考核点及评分要求	分值	扣分	得分	备注
加减速性检查与调整（13分）	慢车到最大（低空）	操作后记录转速最大急增量、达到规定转速的加速时间、排气温度急增最高峰值或调整加速性 正确操作并记录得4分，不正确不得分	4			
	慢车到最大（高空）	操作后记录转速最大急增量、达到规定转速的加速时间、排气温度急增最高峰值或调整加速性 正确操作并记录得3分，不正确不得分	3			
	半程加速性	操作后记录转速最大急增量、达到规定转速的加速时间、排气温度急增最高峰值或调整加速性 正确操作并记录得3分，不正确、漏记酌情扣分	3			
	减速性	操作后记录达到规定转速的减速时间、排气温度或调整减速性 正确操作并记录得3分，不正确、漏记酌情扣分	3			
发动机停车（6分）	在规定转速工作	正确选择发动机冷却转速、工作时间 选择正确转速得2分，不正确酌情扣分	2			
	在慢车转速工作	慢车转速保持规定时间冷机 正确得2分，不正确酌情扣分	2			
	检查高低压转子余转	停车后检查并记录高低压转子余转、余转规定时间、转子有无异常声 检查并记录得2分，否则不得分	2			

续附表2-26

考核内容	考核点及评分要求	分值	扣分	得分	备注
次紧急情况应急停车处置（4分）	1.燃油增压泵出口燃油压力降低到极限值以下时 2.涡轮后排气温度增高有超过极限值的趋势时 3.振动值超过极限值时 4.转速超过极限值时 5.转速或推力突然变化时 6.发动机出口滑油温度超过极限值时 7.信号灯闪烁不正常时 8.出现不正常的噪声和撞击声时 9.主要监控仪表不指示或指示异常时 10.试车规程规定的其他必须降转观察的异常情况时	1.试车中出现情况之一者，应将油门操纵手柄迅速拉到"慢车"状态停留，若故障依然存在则应立即停车 2.若发动机停车后燃烧室内有余火，高压转子停转后应进行冷运转以吹灭余火 3.停车后依据故障类型与现象分析并排除 4.未查明原因的故障未排除，严禁再次起动发动机 任意一项正确处置得4分，否则不得分	4			
紧急情况应急停车处置（5分）	1.起动时涡轮后燃气温度急剧升高超过允许值时 2.起动时发动机喘振时 3.发动机进口滑油压力下降低于允许值时 4.发动机系统内或输油管路内漏燃油或滑油，有失火危险时 5.高压压缩机后卸荷腔压力升高超过允许值时 6.主泵前的燃油压力下降低于允许值时 7.传动机构内腔压力升高超过允许值时 8.发动机起动、加速过程中出现喘振、爆音、转速悬挂等不正常现象时 9.试车规程规定的其他危险情况发生时	1.试车中出现情况之一者，应将油门操纵手柄迅速拉到"停车"位置 2.若发动机停车后燃烧室内有余火，高压转子停转后应进行冷运转以吹灭余火 3.停车后依据故障类型与现象分析并排除 4.未查明原因的故障未排除，严禁再次起动发动机 任意一项正确处置得5分，否则不得分	5			

续附表2-26

考核内容		考核点及评分要求	分值	扣分	得分	备注
停车后工作(3分)	检查滑油箱油位,检查压气机、涡轮叶片	按油箱油位检查方法及最低油位规定进行检查;检查压气机、涡轮叶片有无损伤检查并记录得3分,否则不得分	3			
整理现场(5分)	清点工具,整理现场	1.工作现场秩序符合规定(2分)2.遵守安全操作规程,清理工作现场(3分)	5			
合计			100			

(5)JN2-4-5：某型发动机第二遍试车(附表2-27)

附表2-27　某型发动机第二遍试车考核评分标准

JN2-4-5：某型发动机第二遍试车		
考核时长：120 min	考核地点：生产现场	考核方式：实操
任务描述：对某型发动机进行第二遍试车		
操作设备：(1)某型发动机试车台架；(2)某型涡喷发动机		
工具：(1)尖嘴钳、斜口钳 (2)开口扳手：$S=10$ mm×12 mm, $S=5$ mm×7 mm, $S=14$ mm×17 mm(2 把), $S=17$ mm×19 mm(2 把), $S=19$ mm×22 mm, $S=22$ mm×24 mm, $S=27$ mm×30 mm, $S=30$ mm×32 mm, $S=36$ mm×41 mm (3)套筒扳手：$S=9$ mm, $S=10$ mm, $S=11$ mm, $S=17$ mm (4)塞尺：5.5 mm, 6.0 mm；游标卡尺 0~125 mm		
辅材：铅封片、保险丝($\phi0.8$ mm)、试车记录单、签字笔		

续附表2-27

考核内容		考核点及评分要求	分值	扣分	得分	备注
起动前工作（16分）	发动机及加力固定情况	检查主承力销轴的锁紧、保险 检查到位得2分，否则酌情扣分	2			
	进气道内无多余物	进气道拉紧螺栓紧固良好，防护网无破损及多余物 检查到位得2分，否则酌情扣分	2			
	压气机、涡轮叶片无损伤	可视范围内检查压气机、涡轮叶片无损伤、变形 检查到位得2分，否则酌情扣分	2			
	打开台架供油开关	检查供油开关无漏油，压力符合规定 检查到位得2分，否则酌情扣分	2			
	台架总电源、整流器、补油以及起动燃油开关置于工作位置	正确选择起动前应接通的各开关按钮 开关到位得2分，否则酌情扣分	2			
	起动转换开关置于起动位置	起动转换开关置于起动位置 开关到位得2分，否则酌情扣分	2			
	清点工具、清理现场	工具数量齐全完好，现场清洁 检查到位得2分，否则酌情扣分	2			
	试车记录单上工作者、组长、检验员签字	工作者、组长、检验员应在相应栏内签字 逐项签字得2分，否则酌情扣分	2			

表头：某型发动机第二遍试车考核评分标准

续附表2-27

考核内容		考核点及评分要求	分值	扣分	得分	备注
自动起动（23分）	油门手柄置于慢车位置	油门手柄置于慢车位置的中线位置位置正确得3分，否则不得分	3			
	滑油压力出现时间	按下起动按钮后检查滑油压力出现的时间检查并记录得3分，否则不得分	3			
	放气活门关闭转速	检查放气活门关闭转速、转速调整检查并记录得5分，否则不得分	5			
	起动机脱开转速	检查起动机脱开转速、转速调整检查并记录得5分，否则不得分	5			
	排气温度急增最大值	检查排气温度急增最大值（不允许超过规定值）检查并记录得5分，否则不得分	5			
	N_1 转速到慢车的时间	检查 N_1 转速到慢车时间在规定转速工作得2分，否则不得分	2			
全加力状态性能检查与调整（19分）	自按下起动按钮90秒内达到全加力状态	检查并记录卸荷腔压力、排气温度最大值检查并记录得3分，否则不得分	3			
	全加力状态参数记录	记录转速、排气温度、振动值、卸荷腔、传动机匣内腔、滑油压力等正确记录得4分，漏项酌情扣分	4			
	全加力状态性能录取	录取转速、推力或调整推力、耗油量、大气温度、大气压力、燃油密度正确录取并记录得5分，缺项不得分	5			
	性能参数计算	计算推力、耗油率、台架点计算正确得4分，不正确不得分	4			
	在规定转速工作冷机	正确选择发动机冷机转速、工作时间正确得3分，不正确酌情扣分	3			

续附表2-27

考核内容		考核点及评分要求	分值	扣分	得分	备注
小加力状态性能检查与调整（15分）	小加力状态参数记录	记录转速、排气温度、振动值、卸荷腔、传动机匣内腔、滑油压力等 正确记录得5分，漏项酌情扣分	5			
	小加力状态性能录取	录取转速、推力或调整推力、耗油量、大气温度、大气压力、燃油密度 正确录取并记得4分，缺项不得分	4			
	检查喷口随动装置	喷口由小加力到全加力往返移动 正确操作得2分，不正确不得分	2			
	性能参数计算	计算推力、耗油率、台架点 计算正确得4分，不正确不得分	4			
加减速性检查与调整（10分）	慢车到小加力、慢车到全加力	操作后记录转速最大急增量、达到规定转速的加速时间、排气温度急增最高峰值、调整加速性 正确操作并记录得5分，不正确、漏项酌情扣分	5			
	85%到小加力、85%到全加力	操作后记录转速最大急增量、达到规定转速的加速时间、排气温度急增最高峰值 正确操作并记录得5分，不正确、漏项酌情扣分	5			
冷机停车（7分）	在规定转速工作	正确选择发动机冷却转速、工作时间 选择正确转速得2分，不正确酌情扣分	2			
	在慢车转速工作	慢车转速保持规定时间冷机 正确得2分，不正确酌情扣分	2			
	检查高低压转子余转	停车后检查并记录高低压转子余转、余转规定时间、转子有无异常声 检查并记录得3分，否则不得分	3			

续附表2-27

考核内容		考核点及评分要求	分值	扣分	得分	备注
停车后工作（5分）	检查滑油箱油位并计算滑油消耗量	检查油箱油位，计算滑油消耗量 正确检查并计算得2分，不正确不得分	2			
	检查压气机、涡轮叶片	检查压气机、涡轮叶片有无损伤 检查并记录得3分，否则不得分	3			
整理现场（5分）	清点工具，整理现场	1. 工作现场秩序符合规定（2分） 2. 遵守安全操作规程，清理工作现场（3分）	5			
合计			100			

（6）JN2-4-6：某型发动机最大状态转速调整（附表2-28）

附表2-28　某型发动机最大状态转速调整考核评分标准

JN2-4-6：某型发动机最大状态转速调整		
考核时长：120 min	考核地点：生产现场	考核方式：实操

任务描述：对某型发动机最大状态转速进行调整

操作设备：（1）某型发动机试车操纵台；（2）某型涡喷发动机

工具：（1）尖嘴钳、斜口钳
（2）开口扳手：$S=10$ mm×12 mm，$S=5$ mm×7 mm，$S=14$ mm×17 mm（2把），$S=17$ mm×19 mm（2把），$S=19$ mm×22 mm，$S=22$ mm×24 mm，$S=27$ mm×30 mm，$S=30$ mm×32 mm，$S=36$ mm×41 mm
（3）套筒扳手：$S=9$ mm，$S=10$ mm，$S=11$ mm，$S=17$ mm
（4）塞尺：5.5 mm，6.0 mm；游标卡尺 0~125 mm

辅材：铅封片、保险丝（$\phi0.8$ mm）、试车记录单、签字笔

续附表2-28

某型发动机最大状态转速调整考核评分标准						
考核内容		考核点及评分要求	分值	扣分	得分	备注
起动前工作（24分）	发动机及加力固定情况	检查主承力销轴的锁紧、保险 检查并记录得3分，否则不得分	3			
	进气道内无多余物	进气道拉紧螺栓紧固良好，防护网无破损及多余物 检查并记录得3分，否则不得分	3			
	压气机、涡轮叶片无损伤	可视范围内检查压气机、涡轮叶片无损伤、变形 检查并记录得3分，否则不得分	3			
	打开台架供油开关	检查供油开关无漏油，压力符合规定 检查并记录得3分，否则不得分	3			
	台架总电源、整流器、补油以及起动燃油开关置于工作位置	正确选择起动前应接通的各开关按钮 开关到位得3分，否则酌情扣分	3			
	起动转换开关置于起动位置	起动转换开关置于起动位置 开关到位得3分，否则酌情扣分	3			
	清点工具、清理现场	工具数量齐全完好，现场清洁 检查并记录得3分，否则不得分	3			
	试车记录单上工作者、组长、检验员签字	工作者、组长、检验员应在相应栏内签字 逐项签字得3分，否则酌情扣分	3			
起动发动机（21分）	油门手柄置于慢车位置	油门手柄置于慢车位置的中线位置 位置正确得3分，否则不得分	3			
	滑油压力出现时间	按下起动按钮后检查滑油压力出现的时间 检查并记录得3分，否则不得分	3			
	放气活门关闭转速	检查并记录放气活门关闭转速 检查并记录得3分，否则不得分	3			

续附表2-28

考核内容		考核点及评分要求	分值	扣分	得分	备注
起动 发动机 （21分）	起动机脱开转速	检查并记录起动机脱开转速 检查并记录得3分，否则不得分	3			
	排气温度急增最大值	检查并记录排气温度急增最大值（不允许超过规定值） 操作不超温得3分，超温不得分	3			
	N_1转速到慢车的时间	检查并记录按下起动按钮到规定转速的时间 检查并记录正确得3分，否则不得分	3			
	在规定转速下暖机	正确操作发动机并达暖机转速和工作时间 操作正确得3分，否则不得分	3			
检查与 调整 最大 转速 （30分）	油门在最大状态位置	确定最大状态转速的调整量，调整螺钉的调整方向 正确得5分，错误不得分	5			
	最大状态转速调整	拆除筒帽上保险丝（整根拆除） 正确拆除得5分，不正确不得分	5			
		持住锁紧螺钉，松开调整螺钉筒帽并取下 正确使用双扳手5分，否则不得分	5			
		持住调整螺钉，松开紧固螺钉（约1圈），旋转调整螺钉必要角度 操作正确得6分，否则不得分	6			
		持住调整螺钉（防止转动），拧紧紧固螺钉并装上筒帽拧紧 操作正确得5分，否则不得分	5			
	推油门达到最大状态位置	检查转速调整情况 调整到规定转速得4分，否则不得分	4			

续附表2-28

考核内容		考核点及评分要求	分值	扣分	得分	备注
冷机停车(9分)	在规定转速工作	正确选择发动机冷却转速、工作时间选择正确转速得3分，不正确酌情扣分	3			
	在慢车转速工作	慢车转速保持规定时间冷机正确得3分，不正确酌情扣分	3			
	检查高低压转子余转	停车后检查并记录高低压转子余转、余转规定时间、转子有无异常声检查并记录得3分，否则不得分	3			
停车后工作(11分)	检查滑油箱油位	按油箱油位检查方法及最低油位规定进行检查正确检查油位得3分，否则不得分	3			
	检查压气机、涡轮叶片	检查压气机、涡轮叶片有无损伤检查得3分，否则不得分	3			
	调整部位保险	筒帽进行保险保险正确，质量好得5分，否则酌情扣分	5			
整理现场(5分)	清点工具，整理现场	1. 工作现场秩序符合规定(2分)2. 遵守安全操作规程，清理工作现场(3分)	5			
合计			100			

（7）JN2-4-7：某型发动机最大状态推力小故障排除（附表2-29）

附表2-29 某型发动机最大状态推力小故障排除考核评分标准

JN2-4-7：某型发动机最大状态推力小故障排除		
考核时长：120 min	考核地点：生产现场	考核方式：实操
任务描述：对某型发动机最大状态推力小故障进行排除		
操作设备：（1）某型发动机试车操纵台；（2）某型涡喷发动机		

续附表2-29

工具：(1)尖嘴钳、斜口钳

(2)开口扳手：$S = 10$ mm×12 mm，$S = 5$ mm×7 mm，$S = 14$ mm×17 mm(2把)，$S = 17$ mm× 19 mm(2把)，$S = 19$ mm×22 mm，$S = 22$ mm×24 mm，$S = 27$ mm×30 mm，$S = 30$ mm× 32 mm，$S = 36$ mm×41 mm

(3)套筒扳手：$S = 9$ mm，$S = 10$ mm，$S = 11$ mm，$S = 17$ mm

(4)塞尺：5.5 mm，6.0 mm；游标卡尺 0~125 mm

辅材：铅封片、保险丝(ϕ0.8 mm)、试车记录单、签字笔

某型发动机最大状态推力小故障排除考核评分标准

考核内容		考核点及评分要求	分值	扣分	得分	备注
起动前工作(16分)	发动机及加力固定情况	检查主承力销轴的锁紧、保险 检查到位得2分，否则酌情扣分	2			
	进气道内无多余物	进气道拉紧螺栓紧固良好，防护网无破损及多余物 检查到位得2分，否则酌情扣分	2			
	压气机、涡轮叶片无损伤	可视范围内检查压气机、涡轮叶片无损伤、变形 检查到位得2分，否则酌情扣分	2			
	打开台架供油开关	检查供油开关无漏油，压力符合规定 检查到位得2分，否则酌情扣分	2			
	台架总电源、整流器、补油以及起动燃油开关置于工作位置	正确选择起动前应接通的各开关按钮。 开关到位得2分，否则酌情扣分	2			
	起动转换开关置于起动位置	起动转换开关置于起动位置 开关到位得2分，否则酌情扣分	2			
	清点工具、清理现场	工具数量齐全完好，现场清洁 检查到位得2分，否则酌情扣分	2			
	试车记录单上工作者、组长、检验员签字	工作者、组长、检验员应在相应栏内签字 逐项签字得2分，否则酌情扣分	2			

续附表2-29

考核内容		考核点及评分要求	分值	扣分	得分	备注
起动 发动机 (20分)	油门手柄置于 慢车位置	油门手柄置于慢车位置的中线位置 位置正确得3分，否则不得分	3			
	滑油压力出现 时间	按下起动按钮后检查滑油压力出现 的时间 检查得3分，否则不得分	3			
	放气活门关闭 转速	检查放气活门关闭转速 检查得3分，否则不得分	3			
	起动机脱开转 速	检查起动机脱开转速 检查得3分，否则不得分	3			
	排气温度急增 最大值	检查排气温度急增最大值(不允许超 过规定值) 检查得4分，否则不得分	4			
	N_1 转速到慢 车的时间	N_1 转速到慢车的时间 在规定转速工作得2分，否则不得分	2			
	在规定转速下 暖机	正确操作发动机并达暖机转速 在规定转速工作得2分，否则不得分	2			
慢车 状态 (13分)	收油门到慢车 状态	选择必备调整工具、个人防护(衣扣、 耳塞等)进入试车间 正确选择工具、防护到位得2分，否 则不得分	2			
	最大状态性能 调整	拆除最大锁紧螺母上保险丝(整根拆 除) 正确拆除得4分，不正确不得分	4			
		松开最大锁紧螺母锁紧螺钉，按需要 调整方向和量，调整后锁紧。同时按 同样方法调整另外两个螺母 操作正确得5分，否则不得分	5			
		三个作动筒上调整螺母调整方向，调 整量一致，螺母伸长量一致 伸长量差值不大于0.2 mm得2分， 超过不得分	2			

续附表2-29

考核内容		考核点及评分要求	分值	扣分	得分	备注
性能检查与调整（29分）	最大状态性能录取	录取推力、耗油量、大气温度、大气压力、燃油密度 正确录取性能得3分，否则不得分	3			
		录取并记录转速、涡轮后排气温度、卸荷腔、后支承、滑油压力、振动值 录取并记录得2分，否则不得分	2			
		计算推力、耗油率、转差、台架点 计算正确得4分，否则不得分	4			
	0.8额定状态性能录取	录取推力、耗油量 正确录取性能得3分，否则不得分	3			
		录取并记录转速、滑油压力、涡轮后排气温度。 录取并记录得3分，否则不得分	3			
		计算推力、耗油率 计算正确得4分，否则不得分	4			
	额定状态性能录取	录取推力、耗油量 正确录取性能得3分，否则不得分	3			
		录取并记录转速、滑油压力、涡轮后排气温度 录取并记录性能得3分，否则不得分	3			
		计算推力、耗油率 计算正确得4分，否则不得分	4			
冷机停车（9分）	在规定转速工作	正确选择发动机冷却转速、工作时间 正确得3分，不正确酌情扣分	3			
	在慢车转速工作	慢车转速保持规定时间冷机 正确得3分，不正确酌情扣分	3			
	检查高低压转子余转	停车后检查并记录高低压转子余转、余转规定时间、转子有无异常声 检查并记录得3分，否则不得分	3			

续附表2-29

考核内容		考核点及评分要求	分值	扣分	得分	备注
停车后工作（8分）	检查滑油箱油位	按油箱油位检查方法及最低油位规定进行检查 正确检查油位得3分，否则不得分	3			
	检查压气机、涡轮叶片	检查压气机、涡轮叶片有无损伤、变形 检查得2分，否则不得分	2			
	调整部位保险	筒帽进行保险 保险正确、质量好得3分，否则不得分	3			
整理现场（5分）	清点工具，整理现场	1. 工作现场秩序符合规定(2分) 2. 遵守安全操作规程，清理工作现场(3分)	5			
合计			100			

5. JN2-5：外场维护

（1）JN2-5-1：飞机绕机检查（附表2-30）

附表2-30 飞机绕机检查考核评分标准

JN2-5-1：飞机绕机检查		
考核时长：120 min	考核地点：飞行现场	考核方式：实操
任务描述：按检查工卡对某型飞机按路线检查飞机机体、发动机、起落架		
操作设备：(1)工作梯；(2)解刀；(3)防护设备		
操作材料：(1)洗涤汽油；(2)润滑脂		

续附表2-30

	飞机绕机检查考核评分标准				
考核内容	考核点及评分要求	分值	扣分	得分	备注
准备工作(25分)	清点操作所需的工装、设备、工具并有序摆放	工装、设备、工具无损坏(2分) 编号和数量与工卡相符(2分) 摆放有序(1分)	5			
	检查飞机状况处于可以操作状态	各检查口盖按规定打开(1分) 检查飞机固定良好(2分) 检查起落架等安全锁安装到位(2分)	5			
	研读考试工卡,明确操作内容	能确定工卡的有效性(5分) 阅读并正确理解工卡的内容(5分) 能正确查询飞机维护手册(5分)	15			
检查实施(70分)	飞机机体检查	按规定路线检查飞机且无错漏(5分) 熟悉检查方法与要求(5分) 能发现渗漏、断裂、松动、参数漂移等故障(5分) 工作梯架使用正确(5分)	20			
	发动机检查	按规定路线检查飞机且无错漏(5分) 熟悉检查方法与要求(5分) 能发现渗漏、断裂、松动、参数漂移等故障(5分)	15			
	起落架检查	按规定路线检查飞机且无错漏(5分) 熟悉检查方法与要求(5分) 能发现渗漏、断裂、松动、参数漂移等故障(5分)	15			
	飞机恢复及技术资料填写	完成基本的清洗、润滑工作(5分) 各舱口盖、锁系统已在规定位置(5分)	10			
		技术资料填写及时(5分) 技术资料数据准确(5分)	10			

续附表2-30

考核内容		考核点及评分要求	分值	扣分	得分	备注
整理现场 (5分)	清点工具,整理现场	1. 工作现场秩序符合规定(2分) 2. 遵守安全操作规程,清理工作现场(3分)	5			
合计			100			

(2) JN2-5-2:飞机燃油、滑油、液压油的检查与添加(附表2-31)

附表2-31　飞机燃油、滑油、液压油的检查与添加考核评分标准

JN2-5-2:飞机燃油、滑油、液压油的检查与添加

考核时长:120 min	考核地点:飞行现场	考核方式:实操

任务描述:按规定对某型飞机燃油、滑油、液压油进行检查与添加

操作设备:(1)油液加添车;(2)抹布;(3)扳手;(4)解刀;(5)尖嘴钳;(6)斜口钳

操作材料:(1)油液;(2)保险丝;(3)防护用品

飞机燃油、滑油、液压油的检查与添加考核评分标准

考核内容		考核点及评分要求	分值	扣分	得分	备注
准备工作 (25分)	清点操作所需的工装、设备、工具并有序摆放	工装、设备、工具无损坏(2分) 编号和数量与工卡相符(2分) 摆放有序(1分)	5			
	检查飞机状况处于可以操作状态	各检查口盖按规定打开(1分) 检查飞机固定良好(2分) 检查起落架等安全锁安装到位(2分)	5			
	研读考试工卡,明确操作内容	能确定工卡的有效性(5分) 阅读并正确理解工卡的内容(5分) 能正确查询飞机维护手册(5分)	15			

续附表2-31

考核内容		考核点及评分要求	分值	扣分	得分	备注
工作 实施 (70分)	油液取样化验	取样部位准确(5分) 取样方法正确(5分) 油液化验标准(5分)	15			
	油液检查与添加	检查方法正确(5分) 加油设备使用熟练(5分) 飞机设备操作规范(5分) 加油操作程序正确(5分)	20			
	安全措施	加油车接近飞机指挥规范(5分) 落实防静电失火措施正确(5分) 防油液污染措施正确(5分)	15			
	飞机恢复及技术资料填写	加油量自检复检完成(5分) 各加油口盖正确关闭(5分)	10			
		技术资料填写及时(5分) 技术资料数据准确(5分)	10			
整理 现场 (5分)	清点工具,整理现场	1. 工作现场秩序符合规定(2分) 2. 遵守安全操作规程,清理工作现场 (3分)	5			
合计			100			

（3）JN2-5-3：飞机轮胎、缓冲支柱、蓄压器等部附件工作气压的测量与充添（附表2-32）

附表2-32 飞机轮胎、缓冲支柱、蓄压器等部附件工作气压的测量与充添考核评分标准

JN2-5-3：飞机轮胎、缓冲支柱、蓄压器等部附件工作气压的测量与充添		
考核时长：120 min	考核地点：飞行现场	考核方式：实操
任务描述：按工卡对飞机轮胎、缓冲支柱、蓄压器等部附件工作气压进行测量与充添。		
操作设备：(1)气压表；(2)充气工具；(3)扳手；(4)斜口钳；(5)尖嘴钳		
操作材料：保险丝		

续附表2-32

飞机轮胎、缓冲支柱、蓄压器等部附件工作气压的测量与充添考核评分标准						
考核内容		考核点及评分要求	分值	扣分	得分	备注
准备工作(25分)	清点操作所需的工装、设备、工具并有序摆放	工装、设备、工具无损坏(2分) 编号和数量与工卡相符(2分) 摆放有序(1分)	5			
	检查飞机状况处于可以操作状态	各检查口盖按规定打开(1分) 检查飞机固定良好(2分) 检查起落架等安全锁安装到位(2分)	5			
	研读考试工卡,明确操作内容	能确定工卡的有效性(5分) 阅读并正确理解工卡的内容(5分) 能正确查询飞机维护手册(5分)	15			
工作实施(70分)	工作气体气压测量	气压表的使用熟练(5分) 测量程序正确(5分) 密封性检查正确(5分)	15			
	工作气体充气	充气设备使用熟练(5分) 充气程序正确(5分) 气压充至最佳值(5分) 气密性检查正确(5分)	20			
	安全措施	落实预防系统污染措施(5分) 高压气瓶的使用符合规定(5分) 减压器使用正确(5分)	15			
	飞机恢复及技术资料填写	各充气嘴堵盖已安装(5分) 保险安装规范(5分)	10			
		技术资料填写及时(5分) 技术资料数据准确(5分)	10			
整理现场(5分)	清点工具,整理现场	1.工作现场秩序符合规定(2分) 2.遵守安全操作规程,清理工作现场(3分)	5			
合计			100			

（4）JN2-5-4：飞机部附件拆装与检查（附表2-33）

附表2-33 飞机部附件拆装与检查考核评分标准

JN2-5-4：飞机部附件拆装与检查

考核时长：120 min	考核地点：飞行现场	考核方式：实操

任务描述：某型飞机部附件拆装与检查工作

操作设备：(1)标准工具盒；(2)专用工具；(3)斜口钳；(4)尖嘴钳

操作材料：(1)保险丝；(2)防护用品

飞机部附件拆装与检查考核评分标准

考核内容		考核点及评分要求	分值	扣分	得分	备注
准备工作(25分)	清点操作所需的工装、设备、工具并有序摆放	工装、设备、工具无损坏(2分) 编号和数量与工卡相符(2分) 摆放有序(1分)	5			
	检查飞机状况处于可以操作状态	各检查口盖按规定打开(1分) 检查飞机固定良好(2分) 检查起落架等安全锁安装到位(2分)	5			
	研读考试工卡，明确操作内容	能确定工卡的有效性(5分) 阅读并正确理解工卡的内容(5分) 能正确查询飞机维护手册(5分)	15			

续附表2-33

考核内容		考核点及评分要求	分值	扣分	得分	备注
工作实施（70分）	部附件拆卸与检查	工具使用熟练(5分) 拆卸程序正确(5分) 检查标准清楚(5分)	15			
	部附件安装与检查	工具使用熟练(5分) 安装程序正确(5分) 检查标准清楚(5分) 调试检验规范(5分)	20			
	安全措施	落实预防系统污染措施(5分) 落实预防人为差错措施(5分) 人员防护设备使用正确(5分)	15			
	飞机恢复及技术资料填写	按要求完成质量检验(5分) 飞机处于完好状态(5分)	10			
		技术资料填写及时(5分) 技术资料数据准确(5分)	10			
整理现场（5分）	清点工具，整理现场	1. 工作现场秩序符合规定(2分) 2. 遵守安全操作规程，清理工作现场(3分)	5			
合计			100			

（5）JN2-5-5：机载设备的检查与维护

附表 2-34　机载设备的检查与维护考核评分标准

JN2-5-5：机载设备的检查与维护		
考核时长：120 min	考核地点：生产现场	考核方式：实操
任务描述：对某型飞机机载设备进行检查与维护		
操作设备：（1）标准工具盒；（2）专用工具；（3）电源车		
操作材料：无		

机载设备的检查与维护考核评分标准						
考核内容		考核点及评分要求	分值	扣分	得分	备注
准备工作（25分）	清点操作所需的工装、设备、工具并有序摆放	工装、设备、工具无损坏（2分） 编号和数量与工卡相符（2分） 摆放有序（1分）	5			
	检查飞机状况处于可以操作状态	各检查口盖按规定打开（1分） 检查飞机固定良好（2分） 检查起落架等安全锁安装到位（2分）	5			
	研读考试工卡，明确操作内容	能确定工卡的有效性（5分） 阅读并正确理解工卡的内容（5分） 能正确查询飞机维护手册（5分）	15			

续附表2-34

考核内容		考核点及评分要求	分值	扣分	得分	备注
检查调整（70分）	机载设备检查	会使用仪器设备(5分) 能完成通电检查(5分) 能发现异常情况并进行处理(5分)	15			
	机载设备调整	会使用仪器设备(5分) 调试程序及方法正确、无遗漏(5分) 能保证操纵安全(5分) 输入数据无误(5分)	20			
	安全措施	落实通电安全规定(5分) 落实预防人为差错措施(5分) 人员防护设备使用正确(5分)	15			
	飞机恢复及技术资料填写	按要求完成质量检验(5分) 开关、电门及手柄在规定位置(5分)	10			
		技术资料填写及时(5分) 技术资料数据准确(5分)	10			
整理现场（5分）	清点工具，整理现场	1.工作现场秩序符合规定(2分) 2.遵守安全操作规程，清理工作现场(3分)	5			
合计			100			

（6）JN2-5-6：飞行一线机务保障（附表2-35）

附表 2-35　飞行一线机务保障考核评分标准

JN2-5-6：飞行一线机务保障		
考核时长：120 min	考核地点：飞行现场	考核方式：实操
任务描述：对某型飞机进行飞行一线机务保障工作		
操作设备：(1)座舱工作梯；(2)轮挡；(3)保险及安全销；(4)指挥棒；(5)飞机技术记录本(履历本)		
操作材料：无		

飞行一线机务保障考核评分标准

考核内容		考核点及评分要求	分值	扣分	得分	备注
准备工作(30分)	清点操作所需的工装、设备、工具并有序摆放	工装、设备、工具无损坏(2分) 编号和数量与工卡相符(2分) 摆放有序(1分)	5			
	检查飞机状况处于可以操作状态	各检查口盖按规定打开(3分) 检查飞机固定良好(3分) 检查起落架等安全锁安装到位(4分)	10			
	研读考试工卡，明确操作内容	能确定工卡的有效性(5分) 阅读并正确理解工卡的内容(5分) 能正确查询飞机维护手册(5分)	15			

续附表2-35

考核内容		考核点及评分要求	分值	扣分	得分	备注
工作 实施 (65分)	飞机着陆接机 工作	工具设备正确使用(5分) 接机程序正确(5分) 人员任务分工合理(5分)	15			
	飞机起飞前放 飞工作	工具设备使用正确(10分) 放飞程序正确(10分) 飞机设备使用正确(10分) 人员任务分工合理(5分)	35			
	飞机技术记录 本(履历本) 等填写工作	技术资料填写及时(5分) 技术资料数据准确(5分) 技术资料数据规范(5分)	15			
整理 现场 (5分)	清点工具，整 理现场	1. 工作现场秩序符合规定(2分) 2. 遵守安全操作规程，清理工作现场 (3分)	5			
合计			100			

6. JN2-6：航空维修新技术

（1）JN2-6-1：发动机密封圈盖涂层等离子喷涂（附表2-36）

附表2-36　发动机密封圈盖涂层等离子喷涂考核评分标准

JN2-6-1：发动机密封圈盖涂层等离子喷涂		
考核时长：120 min	考核地点：生产现场	考核方式：实操

任务描述：根据工艺要求，对某型发动机密封圈盖涂层等离子喷涂，并自检喷涂质量

操作设备：（1）等离子喷涂设备；（2）千分尺；（3）放大镜；（4）游标卡尺

操作材料：（1）NiAlW 合金粉；（2）Al/BN 复合粉；（3）白刚玉；（4）试样；（5）压敏胶带

发动机密封圈盖涂层等离子喷涂考核评分标准

考核内容		考核点及评分要求	分值	扣分	得分	备注
基本知识（22分）		等离子喷涂的工序流程	8			
		喷砂的作用	8			
		考官根据实际情况自由提问	6			
实际操作评估（73分）	维修资料、工卡的正确使用	在施工前，阅读并正确理解工作单的内容	5			
		正确选择工艺文件资料并查找相关信息	5			
	操作过程和完成质量情况	进行清洗和保护	5			
		严格按照工艺进行烘粉	6			
		按工艺吹砂	10			
		吹砂、喷涂操作熟练	12			
		涂层均匀性好	6			
		涂层常规性能测试合格	8			
		清理	8			
	施工完成后的自检情况	1. 正确填写工作单并对完成的工作自检	4			
		2. 清点工具	4			

续附表2-36

考核内容		考核点及评分要求	分值	扣分	得分	备注
整理现场(5分)	整理现场	1. 工作现场秩序符合规定(2分) 2. 遵守安全操作规程,清理工作现场(3分)	5			
考试被终止原因		考生缺乏必要的操作基本知识或不清楚操作过程中的安全防护				
		考生的不正确操作或遗漏某项操作步骤可能对安全造成影响或存在安全隐患				
		考生在操作过程中,违反维修操作程序或操作步骤严重不合理				
		执考委任代表认为必须终止考试的其他原因				
合计			100			

(2)JN2-6-2:高压涡轮工作叶片叶尖磨损3D打印修复(附表2-37)

附表2-37　高压涡轮工作叶片叶尖磨损3D打印修复考核评分标准

JN2-6-2:高压涡轮工作叶片叶尖磨损3D打印修复

考核时长:120 min	考核地点:生产现场	考核方式:实操

任务描述:根据工艺要求,对高压涡轮工作叶片叶尖磨损进行3D打印修复,并自检熔覆质量

操作设备:(1)3D打印设备;(2)固定工装;(3)放大镜;(4)气动打磨笔

操作材料:(1)钼丝;(2)阻流剂;(3)丙酮;(4)叶尖磨损的高压涡轮工作叶片

高压涡轮工作叶片叶尖磨损3D打印修复考核评分标准

考核内容	考核点及评分要求	分值	扣分	得分	备注
基本知识(20分)	3D打印的工序流程	7			
	涂阻流剂的作用	7			
	考官根据实际情况自由提问	6			

续附表2-37

考核内容		考核点及评分要求	分值	扣分	得分	备注
实际操作评估（80）	维修资料、工卡的正确使用	在施工前，阅读并正确理解工作单的内容	4			
		正确选择工艺文件资料并查找相关信息	4			
	操作过程和完成质量情况	涂适量阻流剂	6			
		清洗待熔覆表面	6			
		严格按照工艺烘粉	10			
		3D打印操作熟练	12			
		熔覆层饱满、无裂纹	8			
		打磨修型	8			
		清理现场	6			
	施工完成后的自检情况	1. 正确填写工作单并对完成的工作自检	4			
		2. 清点工具	4			
	安全操作意识和完成工作后现场清理等	工作现场秩序符合规定	4			
		遵守安全操作规程，清理工作现场	4			
考试被终止原因		考生缺乏必要的操作基本知识或不清楚操作过程中的安全防护				
		考生的不正确操作或遗漏某项操作步骤可能对安全造成影响或存在安全隐患				
		考生在操作过程中，违反维修操作程序或操作步骤严重不合理				
		执考委任代表认为必须终止考试的其他原因				
合计			100			

(3)JN2-6-3：高压压气机转子叶片叶尖磨损微弧等离子焊接接长(附表2-38)

附表2-38　高压压气机转子叶片叶尖磨损微弧等离子焊接接长考核评分标准

JN2-6-3：高压压气机转子叶片叶尖磨损微弧等离子焊接接长						
考核时长：120 min		考核地点：生产现场		考核方式：实操		
任务描述：根据工艺要求，对高压压气机转子叶片叶尖磨损进行微弧等离子焊接接长，并自检焊接质量						
操作设备：(1)微弧等离子焊机；(2)高度工装；(3)高度尺；(4)夹持工装；(5)硬质合金打磨头						
操作材料：(1)酒精；(2)绢布；(3)叶尖磨损的高压压气机工作叶片						
高压压气机转子叶片叶尖磨损微弧等离子焊接接长考核评分标准						
考核内容		考核点及评分要求	分值	扣分	得分	备注
基本知识(20分)		微弧等离子焊的工序流程	7			
		型面抛修的作用	7			
		考官根据实际情况自由提问	6			
实际操作评估(80分)	维修资料、工卡的正确使用	在施工前，阅读并正确理解工作单的内容	4			
		正确选择工艺文件资料并查找相关信息	4			
	操作过程和完成质量情况	测量并记录叶片高度	6			
		打磨叶片	8			
		进行清洗和保护	10			
		叶片装夹	8			
		微弧等离子焊操作熟练	12			
		型面抛修	6			
		清理	6			
	施工完成后的自检情况	正确填写工作单并对完成的工作自检	4			
		清点工具	4			
	安全操作意识和完成工作后现场清理等	工作现场秩序符合规定	4			
		遵守安全操作规程，清理工作现场	4			

续附表2-38

考核内容	考核点及评分要求	分值	扣分	得分	备注
考试被终止原因	考生缺乏必要的操作基本知识或不清楚操作过程中的安全防护				
	考生的不正确操作或遗漏某项操作步骤可能对安全造成影响或存在安全隐患				
	考生在操作过程中，违反维修操作程序或操作步骤严重不合理				
	执考委任代表认为必须终止考试的其他原因				
合计		100			

（4）JN2-6-4：高压压气机转子堆叠系统测量与装配优化（附表2-39）

附表2-39 高压压气机转子堆叠系统测量与装配优化考核评分标准

JN2-6-4：高压压气机转子堆叠系统测量与装配优化

考核时长：120 min	考核地点：生产现场	考核方式：实操

任务描述：根据工艺要求，对高压压气机转子进行堆叠系统测量与装配优化，并自检优化装配质量

操作设备：（1）转子堆叠系统；（2）多功能吊具

操作材料：（1）无水乙醇；（2）记号笔；（3）高压压气机转子

高压压气机转子堆叠系统测量与装配优化考核评分标准

考核内容		考核点及评分要求	分值	扣分	得分	备注
基本知识（20分）		转子堆叠系统测量的工序流程	7			
		转子堆叠系统测量的原理	7			
		考官根据实际情况自由提问	6			
实际操作评估（80分）	维修资料、工卡的正确使用	在施工前，阅读并正确理解工作单的内容	4			
		正确选择工艺文件资料并查找相关信息	4			
	操作过程和完成质量情况	机件的连接与安装	8			
		测量基准的调整	10			
		高压压气机转子机件的测量	16			
		机件的优化计算	16			
		清理	6			
	施工完成后的自检情况	正确填写工作单并对完成的工作自检	4			
		清点工具	4			
	安全操作意识和完成工作后现场清理等	工作现场秩序符合规定	4			
		遵守安全操作规程，清理工作现场	4			

续附表2-39

考核内容	考核点及评分要求	分值	扣分	得分	备注
考试被终止原因	考生缺乏必要的操作基本知识或不清楚操作过程中的安全防护				
	考生的不正确操作或遗漏某项操作步骤可能对安全造成影响或存在安全隐患				
	考生在操作过程中,违反维修操作程序或操作步骤严重不合理				
	执考委任代表认为必须终止考试的其他原因				
合计		100			

(5)JN2-6-5:发动机叶片智能化抛光(附表2-40)

附表2-40　发动机叶片智能化抛光考核评分标准

JN2-6-5:发动机叶片智能化抛光		
考核时长:120 min	考核地点:生产现场	考核方式:实操
任务描述:根据工艺要求,对发动机叶片进行智能化抛光,并自检抛光质量		
操作设备:(1)智能化抛光设备;(2)粗糙度样块;(3)高度工装		
操作材料:(1)飞机发动机叶片;(2)工卡		

发动机叶片智能化抛光考核评分标准

考核内容	考核点及评分要求	分值	扣分	得分	备注
基本知识(20分)	智能化抛光的工序流程	7			
	粗加工的作用	7			
	考官根据实际情况自由提问	6			

续附表2-39

考核内容		考核点及评分要求	分值	扣分	得分	备注
实际操作评估（80）	维修资料、工卡的正确使用	在施工前，阅读并正确理解工作单的内容	4			
		正确选择工艺文件资料并查找相关信息	4			
	操作过程和完成质量情况	外观检查	12			
		叶片粗加工合格	16			
		智能化抛光设备操作熟练	20			
		清理	8			
	施工完成后的自检情况	正确填写工作单并对完成的工作自检	4			
		清点工具	4			
	安全操作意识和完成工作后现场清理等	工作现场秩序符合规定	4			
		遵守安全操作规程，清理工作现场	4			
考试被终止原因		考生缺乏必要的操作基本知识或不清楚操作过程中的安全防护				
		考生的不正确操作或遗漏某项操作步骤可能对安全造成影响或存在安全隐患				
		考生在操作过程中，违反维修操作程序或操作步骤严重不合理				
		执考委任代表认为必须终止考试的其他原因				
合计			100			

（6）JN2-6-6：雷达罩蜂窝夹芯红外热波检测（附表2-41）

附表2-41　雷达罩蜂窝夹芯红外热波检测考核评分标准

JN2-6-6：雷达罩蜂窝夹芯红外热波检测

考核时长：120 min	考核地点：生产现场	考核方式：实操

任务描述：根据国军标，对雷达罩蜂窝夹芯进行外观检查后，对其采用高能闪光灯进行主动加热，再进行红外热波检测，并签发检测报告

操作设备：（1）红外检测仪；（2）探头、探头线；（3）高能闪光灯

操作材料：（1）雷达罩蜂窝夹芯；（2）报告单

雷达罩蜂窝夹芯红外热波检测考核评分标准

考核内容		考核点及评分要求	分值	扣分	得分	备注
器材及技术要求（51）	操作前准备	1. 抽操作板号，领取报告（1分） 2. 核对试件编号并做好记录（2分） 3. 向监考人报告考核开始（2分）	5			
	仪器检测及灵敏度调试	检测面选择正确	5			
		检测仪规格选择正确	10			
		检测操作正确	6			
		技术标准及验收等级选择正确	10			
		加热方法正确	10			
		灵敏度调试符合标准要求	5			
检测结果（44）	缺陷种类	主要缺陷种类判别正确（缺一种扣2分）	12			
	缺陷数量	主要表面缺陷数量判别正确（差一个扣2分）	12			
	出具报告	1. 填写完整，缺陷参量的位置标注明确（15分） 2. 正确评级，结论正确（5分）	20			
整理现场（5分）	清点工具，整理现场	1. 工作现场秩序符合规定（2分） 2. 遵守安全操作规程，清理工作现场（3分）	5			
合计			100			

（三）专业教学能力模块

1. JN3-1：行业企业调研（附表2-42）

附表2-42　行业企业调研考核评分标准

JN3-1：行业企业调研

考核时长：30 min	考核地点：培训教室	考核方式：资料审查+汇报展示

任务描述：以小组为单位，在实施专业或课程调研的基础上，汇报调研的准备、实施和总结阶段的工作，提交调研方案和调研报告

操作设备：（1）投影仪；（2）电脑

操作材料：（1）PPT；（2）相关资源

行业企业调研考核评分标准

考核内容		考核点及评分要求	分值	扣分	得分	备注
作品 （80分）	调研 方案	调研目的明确，调研对象具有代表性	5			
		调研内容完善且与调研目的匹配	5			
		调研方式科学可行，调研组织过程安排合理	5			
	调研 工具	调研问卷或访谈提纲设计思路清晰，针对性强	5			
		调研工具内容设置科学、合理，呈现方式合适	5			
		调研工具格式规范，信度和效果高	5			
	调研 报告	调研实施有序进行，符合调研方案的安排	10			
		资料整理及时，方法正确，分析准确	10			
		调研结果呈现客观、真实，调研结论提炼到位	10			
		内容全面、科学，格式规范，语句通顺，能够客观、真实反映调研情况	20			

续附表2-42

考核内容		考核点及评分要求	分值	扣分	得分	备注
汇报 (20分)	汇报	能简明、清晰地陈述调研的设计、实施过程及成果	5			
		表达流畅，思路清晰，重点突出	5			
		PPT辅助表达，过程资料呈现清晰	5			
	回答问题	准确回答问题，语言流畅，逻辑性强	5			
合计			100			

2. JN3-2：典型工作任务分析（附表2-43）

附表2-43　典型工作任务分析考核评分标准

JN3-2：典型工作任务分析		
考核时长：30 min	考核地点：培训教室	考核方式：资料审查+汇报展示
任务描述：以小组为单位，组织一次实践专家访谈会，归纳飞行器维修技术专业典型工作任务，制作PPT并进行汇报		
操作设备：(1)投影仪；(2)电脑		
操作材料：(1)PPT；(2)文本资源		

典型工作任务分析考核评分标准

考核内容		考核点及评分要求	分值	扣分	得分	备注
实践专家访谈会 (80分)	会前准备	会务方案的格式规范，要素齐全，职责分明，经费预算合理	5			
		会议通知清晰明了，日程安排合理	5			
		邀请函、证件、资料、场地、设备等准备到位	5			

续附表2-43

考核内容		考核点及评分要求	分值	扣分	得分	备注
实践专家访谈会（80分）	实施访谈	主持人熟悉会议流程及具体各环节的工作要求，能够引导实践专家进行典型工作任务的分析	5			
		组织专家讨论，确定专业的主要职业岗位	5			
		组织专家回忆和讨论，按照一定的逻辑关系，划分飞机维修类专业的主要职业阶段	5			
		组织专家陈述自己的成长历程，回忆不同职业发展阶段的代表性工作任务	10			
		组织专家填写各职业阶段的代表性工作任务，每个阶段3~5个	10			
		完成由代表性工作任务到典型工作任务的分析，形成15~20条典型工作任务	10			
		组织专家分别对访谈后形成的典型工作任务逐条进行具体描述	10			
	会后总结	及时进行会议小结，并形成会议纪要	5			
		会议纪要的格式规范，要素齐全，内容能够反映实践专家访谈会的概貌，对会议形成观点的提炼客观、真实	5			
汇报（20分）	汇报	能简明、清晰地陈述实践专家访谈会的策划、组织、实施过程及成果	5			
		表达流畅，思路清晰，重点突出	5			
		PPT辅助表达，过程资料呈现清晰	5			
	回答问题	准确回答问题，语言流畅，逻辑性强	5			
合计			100			

3. JN3-3：课程体系开发（附表2-44）

附表2-44　课程体系开发考核评分标准

		JN3-3：课程体系开发				
考核时长：30 min		考核地点：培训教室		考核方式：资料审查+汇报展示		

任务描述：学员以小组为单位，基于对调研资料的分析，重构飞机维修类专业课程结构，制订1门核心课程的课程标准和1门实践课程的课程标准；提交以上文本资料，制作PPT进行汇报

操作设备：（1）投影仪；（2）电脑

操作材料：（1）PPT；（2）文本资料

课程体系开发考核评分标准

考核内容		考核点及评分要求	分值	扣分	得分	备注
文本资料（80分）	专业课程体系	职业能力分析过程科学，能力结构符合培养目标和岗位胜任力要求	10			
		优化或重构的课程体系逻辑关系清晰，符合新型模块化课程结构要求	20			
		课程结构设计合理，课程之间边界清晰，无交叉或重复设置课程	5			
		课程能够满足主要岗位胜任力的培养要求	5			
	课程标准	文本规范，格式体例符合要求	5			
		课程培养目标明确，培养规格符合岗位胜任力要求，课程内容能准确对接相应工作岗位典型工作任务要求	5			
		教学模式或方法对接实际工作岗位工作方法或流程，课程评价方法和保障措施明确	5			
		能够应用于实际教学中	5			
	实践课程标准	实践课程设置科学、合理，符合专业特点和学生认知规律	5			
		实践教学内容符合飞机维修类专业典型工作任务的实践能力要求	5			
		实践课程标准文本规范，格式符合要求	5			
		培养目标和培养规格明确，教学内容对接岗位典型工作任务要求，教学模式、评价方法、教学保障等符合课程教学要求	5			

续附表2-44

考核内容		考核点及评分要求	分值	扣分	得分	备注
汇报 （20分）	汇报	能简明、清晰地陈述课程体系、课程标准开发的理念、方法、开发过程及成果	5			
		表达流畅，思路清晰，重点突出	5			
		PPT辅助表达，过程资料呈现清晰	5			
	回答问题	准确回答问题，语言流畅，逻辑性强	5			
合计			100			

4. JN3-4：教学资源开发（附表2-45）

附表2-45　教学资源开发考核评分标准

JN3-4：教学资源开发		
考核时长：30 min	考核地点：培训教室	考核方式：资料审查+汇报展示
任务描述：根据学员本人任教课程特点，开发标准化教学案例，优化课程教案；并基于课程典型工作任务教学需要，开发信息化教学资源；提交以上文本资料，制作PPT进行汇报		
操作设备：(1)投影仪；(2)电脑		
操作材料：(1)PPT；(2)教学资源		

教学资源开发考核评分标准

考核内容		考核点及评分要求	分值	扣分	得分	备注
文本资料（80分）	教学案例	教学案例的格式、体例符合要求	5			
		教学案例数量合适，能够满足一门课程教学需要	10			
		教学案例源于飞机维修工作实际岗位，同时符合课程教学目标达成的需要	5			
	信息化教学资源	典型工作任务设计科学，满足岗位胜任力要求	5			
		基于典型工作任务教学需要进行教学资源的设计	5			
		教学资源设计科学，类型合适，数量充足，能够满足线上线下教学和考核评价的需求	40			
		教学资源质量较高，具有一定数量的原创性资源	10			
汇报（20分）	汇报	能简明、清晰地陈述课程体系、课程标准开发的理念、方法、开发过程及成果	5			
		表达流畅，思路清晰，重点突出	5			
		PPT辅助表达，过程资料呈现清晰	5			
	回答问题	准确回答问题，语言流畅，逻辑性强	5			
合计			100			

5. JN3-5：教学能力训练（附表2-46）

附表2-46　教学能力训练项目考核评分标准

JN3-5：教学能力训练

考核时长：30 min	考核地点：培训教室	考核方式：资料审查+教学片段展示+汇报展示

任务描述：根据企业实践所学，从学员本人任教课程中遴选一次课的内容，优化教学设计，提交教案；遴选其中一个相对独立的内容进行10~15分钟现场无学生的教学展示；回答现场专家提问

操作设备：（1）投影仪；（2）电脑

操作材料：（1）PPT；（2）教案及其他教学资源

教学能力训练考核评分标准

考核内容		考核点及评分要求	分值	扣分	得分	备注
文本资料（30分）	教案	教案应包括授课信息、任务目标、学情分析、活动安排、课后反思等教学基本要素	5			
		设计合理、重点突出、规范完整、详略得当，能够有效指导教学活动的实施	5			
		教案侧重体现具体的教学内容及处理、教学活动及安排	10			
	PPT	设计合理，美观大方	5			
		资源准备合适，满足教学需要	5			

续附表2-46

考核内容		考核点及评分要求	分值	扣分	得分	备注
现场教学（50分）	教学展示	充分展现新时代职业院校教师良好的师德师风、教学技能和信息素养	10			
		教学态度认真、严谨规范、表述清晰、亲和力强	10			
		引导学生树立正确的理想信念、掌握正确的思维方法、培育正确的劳动观念、增强职业荣誉感	10			
		能够创新教学模式，给学生深刻的学习体验	10			
		能够与时俱进地提高信息技术应用能力、教研科研能力	10			
教师素养（20分）	教学展示	教态自然，语言流畅，表达规范	5			
		思路清晰，重点突出	5			
	回答问题	回答提问聚焦主题、科学准确、思路清晰、逻辑严谨	10			
合计			100			

(四)专业发展能力模块

1. JN4-1：应用技术研究

(1)JN4-1-1：航空装备修理工装设备优化设计(附表2-47)

附表 2-47　航空装备修理工装设备优化设计考核评分标准

JN4-1-1：航空装备修理工装设备优化设计					
考核时长：30 min	考核地点：培训中心		考核方式：方案汇报		
任务描述：以某一个航空装备修理工装设备为例，进行工装设备优化方案汇报					
操作设备：(1)投影仪；(2)电脑					
操作材料：(1)PPT；(2)优化工装设备					
航空装备修理工装设备优化操作考核评分标准					
考核内容	考核点及评分要求	分值	扣分	得分	备注
汇报方案 （10分）	工装设备优化方案内容完整、真实	3			
	内容符合规范要求，版面整洁、新颖	3			
	语言表达条理清晰、逻辑顺畅、重点突出	4			
选题背景 （10分）	选题背景介绍完整	3			
	项目产生符合所述研究背景，选题充分考虑当前航空装备修理背景，贴近实际需要	3			
	对本学科领域发展有指导意义	4			

续附表2-47

考核内容		考核点及评分要求	分值	扣分	得分	备注
具体内容（60分）	科学性（10分）	项目符合相关法律法规	4			
		符合基本科学原理	4			
		不违背伦理原则	2			
	创新性（25分）	设计新颖，构思巧妙	7			
		技术上有较大创新	7			
		有一定的技术难度，结合了多学科	7			
		不与其他已有项目雷同	4			
	实用性（15分）	能够与实际修理工作紧密相连，实际使用简单易行	5			
		应用可切实解决目前修理实际中存在的问题	5			
		项目可提高修理质量或提高修理操作人员工作舒适度，提高工作效率	5			
	安全性（10分）	项目材料安全	5			
		使用安全，不存在安全隐患	5			
成效（20分）	已获得专利证书（10分）	发明型专利	5			
		实用性专利或其他专利	5			
	推广性（10分）	已在一定范围内推广，推广3家以下为基础分5分，4家以上为10分	10			
合计			100			

（2）JN4-1-2：航空装备修理工艺优化设计（附表2-48）

附表2-48 航空装备修理工艺优化设计考核评分标准

JN4-1-2：航空装备修理工艺优化设计						
考核时长：30 min		考核地点：培训中心		考核方式：方案汇报		
任务描述：以学员个人参与的某一项修理工艺优化设计为例，进行修理工艺优化的方案汇报						
操作设备：（1）投影仪；（2）电脑						
操作材料：PPT						

航空装备修理工艺优化设计考核评分标准

考核内容	考核点及评分要求	分值	扣分	得分	备注
汇报方案（10分）	方案内容完整、真实	3			
	优化工艺符合规范要求，版面整洁、新颖	3			
	语言表达条理清晰、逻辑顺畅、重点突出	4			
选题背景（10分）	选题背景介绍完整	3			
	修理工艺优化设计符合研究背景，充分考虑当前航修背景，贴近实际需要	3			
	对本学科领域发展有指导意义	4			

续附表2-48

考核内容		考核点及评分要求	分值	扣分	得分	备注
具体内容（60分）	科学性（10分）	项目符合相关法律法规	4			
		符合基本科学原理	4			
		不违背伦理原则	2			
	创新性（25分）	设计新颖，构思巧妙	7			
		技术上有较大创新	7			
		有一定的难度，结合了多学科	7			
		不与其他已有项目雷同	4			
	实用性（15分）	能够与实际修理工作紧密相连，实际使用简单易行	5			
		应用可切实解决目前实际中存在的问题	5			
		项目可提高修理质量或提高操作人员工作舒适度，提高工作效率	5			
	安全性（10分）	优化的修理工艺符合规范	5			
		工艺执行安全，不存在安全隐患	5			
成效（20分）	已获得认证证书（10分）	公开发表论文	5			
		企业文件认证	5			
	推广性（10分）	已在一定范围内推广，推广3家以下为基础分5分，4家以上为10分，	10			
合计			100			

3. JN4-2：社会服务

（1）JN4-2-1：航空文化传播活动（附表2-49）

附表2-49　航空文化传播活动考核评分标准

JN4-2-1：航空文化传播活动		
考核时长：30 min	考核地点：培训中心	考核方式：方案汇报
任务描述：为社区策划一次航空文化传播活动		
操作设备：（1）投影仪；（2）电脑		
操作材料：（1）PPT；（2）相关活动器材		

航空文化传播活动考核评分标准

考核内容	考核点及评分要求	分值	扣分	得分	备注
汇报方案 （10分）	方案内容完整、真实	3			
	内容符合规范要求，版面整洁、新颖	3			
	语言表达条理清晰、逻辑顺畅、重点突出	4			
选题背景 （10分）	选题背景介绍完整	3			
	活动选择充分考虑社区人员需求背景，贴近文化传播需要	3			
	对航空文化传播活动开展有借鉴指导意义	4			

续附表2-49

考核内容		考核点及评分要求	分值	扣分	得分	备注
具体内容（60分）	科学性（10分）	能促进社区人员对航空文化的认识	4			
		活动目标具体化，满足重要性、可行性、时效性	4			
		不违背伦理原则	2			
	创新性（25分）	活动内容新颖，紧扣实际，能充分调动相关部门的积极性，具有可持续性和可操作性	9			
		活动形式新颖，能吸引社区人员的注意力，并有兴趣主动参与其中	8			
		活动时间与空间安排灵活，能提高社区人员的参与率	8			
	实用性（15分）	能够与航空装备紧密相连，简单易行	5			
		活动开展方式简洁明了，经费预算合理	5			
		项目可提高社区人员对航空装备的认识	5			
	安全性（10分）	活动策划方案符合实施规范	5			
		活动应注意问题、细节及应急措施体现完全，不存在安全隐患	5			
成效（20分）	影响力（10分）	服务对象满意度达到95%以上	5			
		社区服务中心满意度达到95%以上	5			
	参与率（10分）	参与率与互动率达到80%以上	10			
合计			100			

（2）JN4-2-2：航空装备修理专业技术支持（附表2-50）

附表2-50 航空装备修理专业技术支持考核评分标准

JN4-2-2：航空装备修理专业技术支持

考核时长：30 min	考核地点：培训中心	考核方式：方案汇报

任务描述：以某一故障排除为例，进行航空装备修理专业技术支持方案的设计

操作设备：（1）投影仪；（2）电脑

操作材料：PPT

航空装备修理专业技术支持考核评分标准

考核内容	考核点及评分要求	分值	扣分	得分	备注
汇报方案 （10分）	方案内容完整、真实	3			
	内容符合规范要求，版面整洁、新颖	3			
	语言表达条理清晰、逻辑顺畅、重点突出	4			
选题背景 （10分）	选题背景介绍完整	3			
	选题充分考虑当前实际，贴近实际需要	3			
	对航空装备修理领域发展有借鉴指导意义	4			

续附表2-50

考核内容		考核点及评分要求	分值	扣分	得分	备注
具体内容（60分）	科学性（10分）	项目符合相关法律法规	4			
		符合基本科学原理	4			
		不违背伦理原则	2			
	创新性（15分）	设计新颖，构思巧妙	4			
		有一定的技术难度，实现了多学科融合	7			
		不与其他已有项目雷同	4			
	实用性（25分）	能够与实际修理工作紧密相连，实际使用简单易行	7			
		可切实提供航空装备目前所需的技术支持	10			
		项目可提高航空装备修理质量或降低航空装备故障率	8			
	安全性（10分）	航空装备修理专业技术支持方式选择恰当	5			
		执行安全，不存在安全隐患	5			
成效（20分）	满意度指标（5分）	航空装备故障排除	5			
	经济指标（5分）	故障率低，修理费用合理	5			
	航空装备结果指标（5分）	航空装备性能正常	5			
	航空装备功能指标（5分）	航空装备功能完好	5			
合计			100			

附录三　结业考核评分标准

结业考核主要考核教师将企业实践能力转化为教学能力的情况，具体评分标准见附表 3-1。

附表 3-1　职业院校教师企业实践结业考核评分标准（参考）

一级指标	二级指标	基本要求	分值
教学设计能力	课程整体设计	选择一门与企业实践岗位对应的课程： ①能根据调研结果和岗位能力需求分析情况优化课程培养目标 ②能根据岗位典型工作任务分析结果，优化课程内容结构 ③能优化课程标准中的课程教学方法与手段 ④能够优化课程标准中的实践教学与考核内容	20
	单元教学设计	①基于工作过程导向或成果导向，优化一个单元或一次课的教学设计 ②优化教学目标与教学内容、重点与难点、教学流程与教学组织、教学评价与自我整改，对教学内容中的实践教学项目、操作流程、评价标准、教案等进行完善	20
教学实施能力	教学模式	能够根据企业岗位工作任务完成的模式，优化课程教学模式	5
	教学方法	能够根据教学内容和学生特点，选择合适的教学方法	5
	教学组织	基于"学生主体、教师主导"理念，围绕教学目标的达成，科学设计和安排教学活动	5
	教学评价	坚持自我评价、自我诊断，通过自评、他评等方式，及时了解教学效果，并不断改进	5
教学资源建设能力	资源收集	企业实践过程中，收集到的与课程教学有关的资源，重点说明应用于所遴选的教学内容中的资源	10
	资源开发	①根据岗位的要求和教学设计，结合课程内容特点及学生认知规律，开发满足教学需要的资源 ②教材改革情况	10
教学反思能力	学习收获	企业实践培训过程中的收获、体会、感悟等	5
	学习反思	用具体的例子，反思企业实践对自己专业能力和教学能力提升情况	15
总分			100

附录四 样题

(一)过程性考核样题

各模块过程性考核样题如下。

1 职业素养

1-1 企业文化

KT1-1-1：根据当天的学习内容，结合自己的教学课程，从企业发展历史、品牌文化、质量文化、发展愿景、价值观等精神理念，挖掘在以后的教学中如何融入行业发展历史、航空装备维修文化、企业精神与生产理念等方面的内容。

任务1：挖掘在教学中融入企业文化的内容，撰写学习心得

任务2：制作PPT并进行汇报

考核时间：10分钟

1-2 企业制度

KT1-2-1：根据当天的学习内容，结合自己的教学课程，从法律与政策、企业员工手册、企业管理制度、企业保密制度等方面，挖掘在以后的教学中如何融入企业制度的内容。

任务1：挖掘在教学中融入企业制度的内容，撰写学习心得

任务2：制作PPT并进行汇报

考核时间：10分钟

1-3 岗位规范

KT1-3-1：根据当天的学习内容，结合自己的教学课程，从岗位职责、岗位任职资格、生产管理规定和技术规程等方面进行挖掘，在教学中融入岗位规范与技术规程。

任务1：挖掘在教学中融入岗位规范的内容，撰写岗位分析报告

任务2：制作PPT并进行汇报

考核时间：15分钟

1-4 政策法规

KT1-4-1：根据当天的学习内容，结合自己的教学课程，从航空装备维修

行业政策解读、航空装备维修行业发展前景等方面进行挖掘，在教学中融入行业政策，撰写心得体会，制作PPT并进行汇报。

任务1：挖掘在教学中融入政策法规的内容，撰写心得体会

任务2：制作PPT并进行汇报

考核时间：10分钟

2　岗位核心能力

2-1 故障检查与分析

KT2-1-1：按照某型发动机外场维护技术要求，需定期对该发动机压气机叶片进行目视检查，请利用孔探仪设备对某级压气机叶片进行目视检查并判断是否存在故障隐患。

任务1：在规定的时间内针对飞机发动机压气机叶片选择合适的目视检查方法

任务2：完成工件的孔探检查

任务3：完成检查结果的判别

任务4：正确签发检查报告

考核时间：120分钟

KT2-1-2：某型飞机发动机大修过程中，需要对分解的某级压气机盘进行故障检查，请采用渗透检测方法对压气机盘进行渗透检测并判断是否可以继续使用。

任务1：某级压气机盘预处理

任务2：在规定的时间内针对压气机盘选择合适的渗透探伤方法

任务3：完成工件的渗透检测

任务4：完成检测结果的判别

任务5：正确签发检测报告

考核时间：60分钟

KT2-1-3：某型飞机发动机大修过程中，需要对分解下来的紧固件螺栓进行故障检查，请采用磁粉探伤方法对这批螺栓进行检测并判断是否可以继续使用。

任务1：紧固件螺栓预处理

任务2：设备校验及灵敏度调节

任务3：完成工件的磁粉探伤

任务4：完成检测结果的判别

任务5：正确签发检测报告

考核时间：60分钟

KT2-1-4：某型飞机大修过程中，需要对分解下来的飞机机轮轮毂进行故障检查，请采用涡流检测方法对该部件进行检测并判断是否可以继续使用。

任务1：飞机机轮轮毂预处理

任务2：设备校验及灵敏度调节

任务3：完成工件的涡流检测

任务4：完成检测结果的判别

任务5：正确签发检测报告

考核时间：120分钟

KT2-1-5：某型飞机大修过程中，需要对分解下来的主起落架减震支柱进行故障检查，请采用超声检测方法对该部件进行检测并判断是否可以继续使用。

任务1：主起落架减震支柱预处理

任务2：设备校验及灵敏度调节

任务3：完成工件的超声检测

任务4：完成检测结果的判别

任务5：正确签发检测报告

考核时间：120分钟

KT2-1-6：某型飞机发动机大修过程中，需要对分解下来的附件传动轴进行故障检查，请采用射线检测方法对该部件进行检测并判断是否可以继续使用。

任务1：附件传动轴预处理

任务2：设备校验及灵敏度调节

任务3：完成工件的射线检测

任务4：完成检测结果的判别

任务5：正确签发检测报告

考核时间：120分钟

2-2 机体结构修理

KT2-2-1：某型飞机长桁发生损坏，需制作一个与原件形状、尺寸一致的替换件。

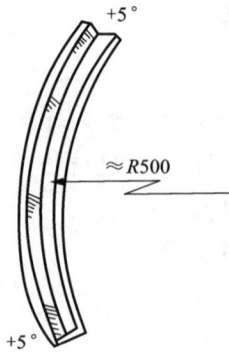

结构特征：

(1)材料为 LF21 $\delta = 1.2$ mm

(2)尺寸要求：$\approx R500$，$L = 1000$ mm

(3)加角：+5°、+5°

任务 1：展开料计算

任务 2：完成钣金件的划线、下料工作

任务 3：按照图纸要求完成钣金件的折边和收、放边工作

任务 4：检查钣金件的尺寸和加工质量

任务 5：完成维修资料填写工作

考核时间：120 分钟

KT2-2-2：某型飞机整流罩损坏，需制作一个与原件形状、尺寸一致的替换件。

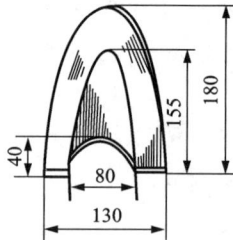

结构特征：

(1)材料为 LF21 $\delta = 1.2$ mm

(2)鼓包 $L \times B \times H = 155$ mm×80 mm×40 mm

$L \times B \times H = 180$ mm×130 mm×40 mm

任务 1：拱曲件展开料计算

任务 2：完成钣金件的划线、下料工作

任务 3：按照图纸要求完成钣金件的弯曲、R 角修整

任务 4：检查钣金件的尺寸和加工质量

任务 5：完成维修资料填写工作

考核时间：120 分钟

KT2-2-3：某型飞机框板发生损坏，需制作一个与原件形状、尺寸一致的替换件。

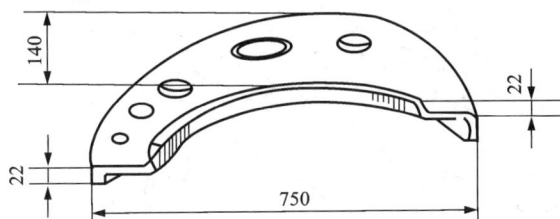

结构特征：

（1）材料为 LF21 $\delta = 1.2$ mm

（2）异向弯边凹凸曲线需手工修正

（3）需制出 4 个减轻加强孔

（4）外形尺寸为 $L \times B \times H = 750$ mm×140 mm×22 mm

任务 1：拔缘件展开料计算

任务 2：完成钣金件的划线、下料工作

任务 3：按照图纸要求完成钣金件的折边和内拔缘、外拔缘操作

任务 4：按照图纸要求完成钣金件钻孔工作

任务 5：检查钣金件的尺寸和加工质量

任务 6：完成维修资料填写工作

考核时间：120 分钟

KT2-2-4：某型飞机"Z"形挤压型材出现裂纹和压伤，依据损伤情况制订修理方案并进行修理。

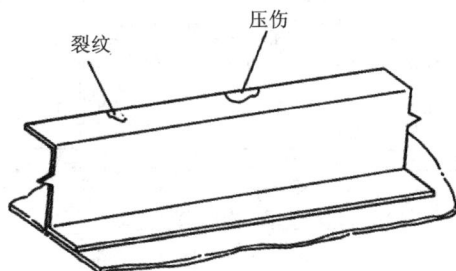

损伤特征：

（1）裂纹在重要受力部位但未进入 R 区

（2）压伤较为严重

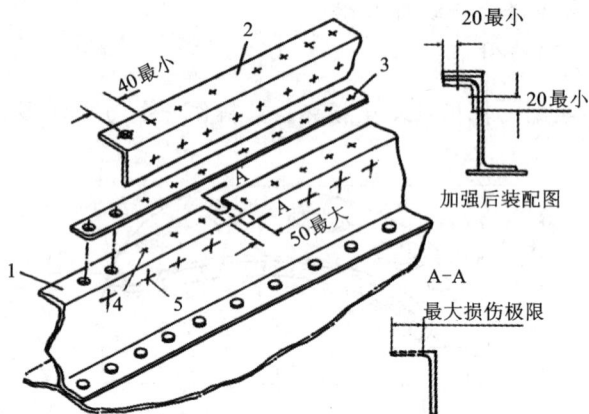

参考修理图

1—损伤件；2—加强件；3—排除间隙垫板；

4—加强件与损伤件自由边凸缘连接铆钉；5—加强件与损伤件腹板连接铆钉

任务1：根据技术要求，制订修理方案

任务2：完成补片的划线、下料工作

任务3：按照图纸要求完成补片的折边工作

任务4：按照图纸要求完成补片钻孔、制窝和铆接工作

任务5：检查工件的尺寸和加工质量

任务6：完成维修资料填写工作

考核时间：120分钟

KT2-2-5：某型飞机机身蒙皮出现划伤现象，依据损伤情况制订修理方案并进行修理。

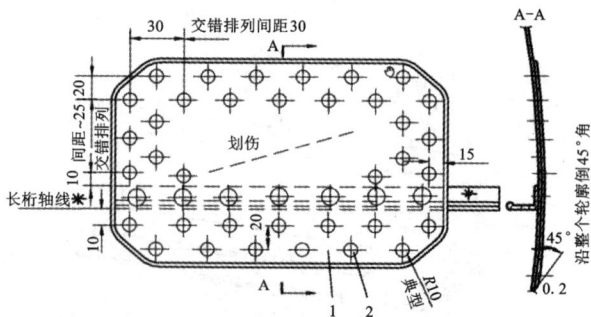

参考修理图

1—加强件；2—连接铆钉

结构特征：

(1)垫板 LY12-CZ-1.2

(2)半圆头铆钉 LY10

(3)划伤深度小于 0.5 mm，长度为 100 mm

任务1：根据技术要求，制订修理方案

任务2：完成补片的划线、下料工作

任务3：按照图纸要求完成补片钻孔、制窝和铆接工作

任务4：检查工件的尺寸和加工质量

任务5：完成维修资料填写工作

考核时间：120分钟

KT2-2-6：某型飞机机身蒙皮出现破孔(破孔 $\phi<25$ mm)现象，依据损伤情况制订修理方案并进行修理。

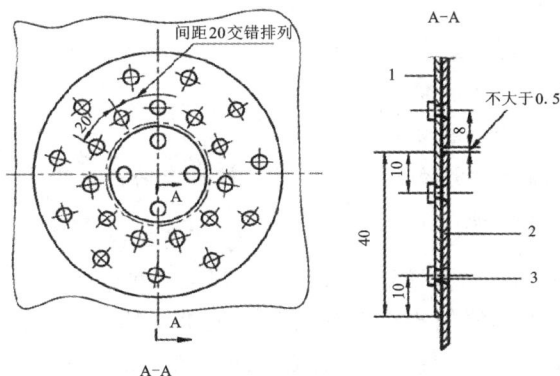

参考修理图

1—排除间隙垫板；2—加强件；3—连接铆钉

结构特征：

(1)垫板 LY12-CZ-1.2

(2)补板 LY12-CZ-1.2

(3)铆钉 LY10

任务1：根据技术要求，制订修理方案

任务2：完成补片的划线、下料工作

任务3：按照图纸要求完成补片钻孔、制窝和铆接工作

任务4：检查工件的尺寸和加工质量

任务5：完成维修资料填写工作

考核时间：120分钟

2-3 部附件修理

KT2-3-1：某型发动机压气机叶片分解、称重排序与装配。压气机是通过高速旋转对空气做功，提高空气压力，以便混合气燃烧后能更好地膨胀，增大发动机的推力。由于压气机叶片处于高温、高速、高压的工作环境以及特有的悬臂结构，在工作过程中容易产生离心负荷、气动负荷、热负荷及振动负荷等作用，从而使叶片产生拉应力、弯曲应力和振动压力，最终导致叶片产生表面腐蚀、压力腐蚀、压力破坏、热疲劳破损以及压气机振动等故障。为了减少故障的产生，当发动机进厂大修时就需要对压气机叶片进行故障检查及修理。对叶片进行清洗、抛光等修理后叶片的质量也会随之改变。为了减少叶片在鼓筒上质量分布不均的情况，减少因为分布不均导致离心负荷而产生的振动现象，需要对压气机叶片进行重新称重排序。

任务1：锁片、卡圈分解

任务2：压气机叶片分解

任务3：压气机叶片的故障检查

任务4：压气机叶片的称重与排序

任务5：压气机叶片的装配

任务6：压气机叶片切向活动量、榫头与轮盘凹凸度测量

考核时间：120分钟

KT2-3-2：某型发动机燃烧室分解、修理与装配。燃烧室是燃油和空气混合燃烧的地方，燃烧后含有大量热能的燃气具有膨胀做功的本领，这是作为发动机产生推力创造必要条件。燃烧室是发动机最复杂的热端部件之一，由于燃烧室主要承受着高温燃气腐蚀，以及高温、应力、应变的影响，所以常见的故障现象有腐蚀裂纹、变形、烧伤、烧灼、过热、变质、磨损等。而且高温部件在设计装配过程中都留有很大的热胀冷缩间隙，工作时由于振动，火焰筒的活动支点就会产生严重的磨损现象。

任务1：燃烧室分解

任务2：燃烧室组件故障检查

任务3：燃烧室组件修理

任务4：燃烧室组件装配

考核时间：120分钟

KT2-3-3：某型发动机涡轮叶片分解、称重排序与装配。涡轮叶片主要是将高能的燃气转化为机械功，驱动涡轮转子从而带动压气机转子旋转。一般叶片的温度在800~1200℃的燃气包围下工作，和压气机叶片一样涡轮叶片也处

于高温、高速、高压的工作环境，在工作过程中容易产生离心负荷、气动负荷、热负荷及振动负荷等作用，从而使叶片产生拉应力、弯曲应力和振动压力，最终导致叶片产生表面腐蚀、压力腐蚀、压力破坏、热疲劳破损以及压气机振动等故障。然而燃气高温疲劳腐蚀和热疲劳损伤更多地发生在涡轮叶片上。因此为了减少故障的产生，当发动机进厂大修时就需要对压气机叶片进行故障检查及修理。为了减少由于叶片在涡轮盘上质量分布不均而导致的离心负荷并产生的振动现象，需要对涡轮叶片进行重新称重排序。

任务1：涡轮叶片分解

任务2：涡轮叶片故障检查

任务3：涡轮叶片称重排序

任务4：涡轮叶片装配

任务5：涡轮叶片活动量测量

考核时间：120分钟

KT2-3-4：某型发动机燃油泵分解、修理与装配。主燃油泵主要是用来供给、调节发动机在各种工作状态和各种工作条件下主燃烧室的供油量，以保证发动机在各种稳定工作状态下的转速、排气温度正常，以及发动机的加速、减速和起动性能正常，因此主燃油泵工作的好坏对发动机性能的充分发挥及安全可靠地工作有重大影响。燃油泵在修理过程中由于内部结构复杂，孔眼和调节部位较多，所以在分解、修理与装配过程中，一定要注意孔眼的保护和装配时孔眼的导通问题。

任务1：燃油泵分解

任务2：燃油泵组件故障检查

任务3：燃油泵修理

任务4：燃油泵装配

任务5：燃油泵性能试验

考核时间：120分钟

KT2-3-5：某型发动机传装中介机匣与高压转子装配。发动机传动机构的装配是指将发动机的零件组装成装配单元的装配方法和过程。装配工艺既要保证各个零件有正确的配合，又要保证它们之间有正确的相对位置，保证各组件和部件、各系统的零件和附件与整机都具有规定的配合精度和可靠的连接，最终符合设计所规定的使用功能。装配质量直接影响到发动机的性能（推力、油耗、温度、流量）、寿命及工作的可靠性，装配过程中的不清洁和操作不文明不仅会引起发动机提前失效，而且还会发生严重的飞行安全事故。因此我们为保证组件、部件和单元体的使用特性，调节系统的稳定性，及整机的性能和寿命，在装配过程中要严格按照发动机整机、单元体、部件和组件的设计技术要求、装配图样中所规定的技术要求执行。

任务1：将高压压气机使用的专用吊具吊装到专用装配架上

任务2：对装配时所需要的数据进行测量，并根据测量结果选配调整垫

任务3：按技术要求进行中介机匣和其他零组件的安装

考核时间：120分钟

KT2-3-6：某型发动机总装补油电磁活门拆卸与装配。发动机装配过程不是简单的零件堆积，而是按规定的技术标准、技术要求及一系列不同复杂程度的工艺程序和质量控制程序来进行的。这些程序是具有理论和实际依据的方法，应用这些方法将外部管路系统、电气系统、调节和操纵系统及各个附件进行安装、连接、调整和实验，最后形成完整发动机。装配工作既重要又复杂，手工操作多。在装配过程中的调整，技术性强，要求经验丰富；装配过程中的操作，重复动作多，要求熟练；装配后的检验、检查项目多，要求仔细。在装配前要领齐装配用的所有零件、连接件，以及有关的装配电器元件，按技术要求进行二次洗涤清洁、防锈、润滑、涂膏等工作，按工艺规程进行装配、检查、实验、记录等工作。

任务1：按技术要求将发动机附件安装到发动机上

任务2：按技术要求连接发动机附件到发动机主体上的连接管路

任务3：保险施工

任务4：质量检查

考核时间：120分钟

2-4 试车

KT2-4-1：台架系统使用与维护。台架系统是发动机试车的重要系统，按工艺要求每月应对系统的过滤元件、吹风量及燃油流量测量系统回油管开关密封性进行检查，其目的是保证油品质量的清洁、消耗油量的测量精度及发动机加力燃烧室冷却效果。现对系统开展定期检查维护工作。

任务1：系统过滤元件检查清洗。过滤元件有无机械损伤、滤网破损、机械杂质、密封圈破损，无故障后进行清洗。清洗时将出口处封堵防止二次污染，清洗容器应连接接地线

任务2：吹风量的风量检查。开启风机，检查风压测量系统的密封性，通过U形管记录动压头压力、管道直径，依据公式计算出吹风量并与规定比对，检查是否符合规定。检查吹风系统管路密封性，连接处不允许有漏气现象

任务 3：检查燃油流量，测量系统回油管密封性。开启系统供油保持规定压力，关闭供油总开关及回油开关，查看泵前压力表压，此时压力不应下降

考核时间：120 分钟

KT2-4-2：发动机在台架上的安装与拆卸，是发动机试车前的主要工作。发动机由装配车间装配完成后运至试车台，由试车人员对发动机进行全面检查，无误后方可进行上台前的整理工作，完成后将发动机吊运安装在试车台架上，安装附件，连接测量管路，做好开车前的准备。发动机拆卸按安装相反顺序进行。现对发动机安装做如下工作。

任务 1：履历文件数量、填写的正确性、实物与文件号码核实；发动机外观质量检查(如涡轮，压气机叶片，附件，部件有无损伤，管路有无变形、损伤，管路之间、机匣之间的间隙，电器插头及电缆有无损伤、压伤，防波电缆有无断丝等)

任务 2：安装前的整理。在发动机上安装振动传感器、卸荷腔、后支承测量管及引气罩

任务 3：吊运发动机在台架上，安装并固定；吊运加力燃烧室，将其与发动机连接并固定

任务 4：发动机左部安装(P2′、P2″、P4、加力总管、传动机匣测量管、进油管)

任务 5：发动机右部安装(滑油、泵前、卸荷腔、后支承测量管、液压泵、电机导线)

任务 6：发动机前部安装(油门操纵杆、总电缆插头、进气道、防护网)

任务 7：发动机后部安装(加力燃烧室与主机连接固定、加力吹风罩、尾喷口供油管、电缆插头)

任务 8：发动机上部安装(发动机水平调整，T2、T4 热电偶，测振仪导线安装)

任务 9：喷口移动时间、同步性、加力域角检查，滑油箱加注滑油，燃油系统放气，安装后对所有工作进行全面检查，清点工具，安装单上签字

考核时间：120 分钟

KT2-4-3：试车前的准备。应对发动机安装的正确性、紧固性进行全面检查：发动机固定是否牢固，进气道内有无多余物，开关电路是否开启，发动机启封排除系统内的油封油，吹出启封后的残油，防止发动机起动超温。现对发动机试车准备做如下工作。

任务 1：检查发动机主支点间隙、锁紧、保险情况，加力燃烧室与主机安装的紧固性及保险情况，进气道有无多余物，防护网有无破损，所有测量导管、热电偶、起动电机导线、供油管安装是否正确、牢固

任务 2：检查滑油箱油位，清点工具，清洁现场，启封发动机各开关按钮是否正确到位

任务 3：启封发动机(检查发动机各管路、机匣结合处密封性，检查滑油压力、转子转速，转子转动有无异常声)

任务 4：冷运转吹出内部积油(检查滑油压力、转子转速，转子转动有无异常声)

任务 5：检查补加滑油，燃烧室内部积油情况

任务 6：掌握次紧急情况应急处置的工作内容和处置方法；掌握紧急情况应急处置的工作内容和处置方法

考核时间：120 分钟

KT2-4-4：发动机第一遍试车，是为了磨合发动机，检查发动机自动起动、各凸轮协动转速、转速差、最大转速，检查和调整发动机性能参数、主燃油调节器的功能特性、加减速性。现对发动机第一遍试车做如下工作。

任务 1：检查发动机固定是否牢固，进气道内有无多余物，压气机、涡轮叶片有无损伤，滑油箱油位是否符合规定；清点工具

任务 2：发动机起动，检查并记录参数：滑油出现时间、放气活门关闭转速、起动机脱开转速、排气温度急增最高峰值、N_1 到慢车转速的时间

任务 3：在规定各转速下磨合发动机，检查滑油压力、排气温度、各管路结合处密封性、发动机转速及各仪表参数

任务 4：检查喷口收小凸轮协动转速、喷口放大凸轮协动转速

任务 5：检查喷口在最大状态和全加力状态下的转速差

任务 6：推油门到 0.8 额定转速，录取推力、燃油流量、排气温度、振动值、滑油压力，计算发动机推力、耗油率

任务 7：推油门到最大状态，录取发动机推力、燃油流量、排气温度、振动值、滑油压力，计算发动机推力、耗油率、转差率、T_3^*、台架点

任务 8：检查各加减速性，检查慢车到最大状态(高空及低空)加速性、到最大状态半程加速性、最大状态减速性、遭遇加速性，检查加速性时分别记录加速时间、转速急增、排气温度急增最高峰值

任务 9：发动机冷却、停车后检查并记录高、低压转子惯性及有无异常声，转子停转后检查滑油箱油位并计算滑油消耗量，检查发动压气机及涡轮叶片，排除试车中的故障

考核时间：120 分钟

KT2-4-5：发动机第二遍试车。检查发动机 90 秒内进入全加力状态时的

排气温度急增峰值、卸荷腔压力急增最高值。3分钟后检查并录取全加力、小加力状态下的性能参数，调节器的工作情况，以及到加力的加速性时间、转速急增、排气温度急增最高峰值、喷口随动装置的工作情况。现对发动机第二遍试车做如下工作。

任务1：发动机固定是否牢固，进气道内有无多余物，压气机、涡轮叶片有无损伤，滑油箱油位是否符合规定；清点工具

任务2：发动机起动，检查并记录参数：滑油出现时间、放气活门关闭转速、起动机脱开转速、排气温度急增最高峰值、N_1 到慢车转速的时间

任务3：推油门手柄到最大状态接通加力，检查并记录排气温度和卸荷腔压力的急增值，在规定时间内降回到规定范围内

任务4：录取全加力状态性能，记录发动机推力、燃油流量、排气温度、振动值、滑油压力、卸荷腔、后支承等参数，计算发动机推力、耗油率、余气系数、台架点

任务5：录取小加力状态性能，记录发动机推力、燃油流量、排气温度、振动值、滑油压力、卸荷腔、后支承等参数，计算发动机推力、耗油率、台架点，最后2分钟推收油门手柄检查喷口随动装置的工作情况

任务6：检查到加力状态各加速性，分别检查慢车到小加力及全加力状态加速性、遭遇加速性，检查加速性记录：达到加力接通的加速时间、点火时间、转速急增、排气温度急增最高峰值

任务7：在规定转速、规定工作时间发动机冷却、收油门停车后检查并记录高、低压转子惯性，转子停转后检查滑油箱油位，检查发动压气机及涡轮叶片

任务8：计算滑油消耗量，测量喷口直径(最大状态、小加力状态、全加力状态)排除试车中的故障

考核时间：120分钟

KT2-4-6：发动机最大状态转速调整。最大状态是飞机的起飞状态，转速高低影响发动机性能的发挥、工作稳定及飞行安全。调整时将油门手柄收到慢车状态，系好组扣选择调整工具，规范拆除调整螺钉筒帽上保险(不得强行拆除)，调整后应将调整螺钉锁紧。离开发动机，检查转速调整情况。现对调整最大转速做如下工作。

任务1：依据最大转速实际值拟定调整方案(调整的部位、螺钉的调整方向、调整量)

任务2：检查发动机固定是否牢固，进气道内有无多余物，压气机、涡轮叶

片有无损伤，滑油箱油位是否符合规定；清点工具

任务3：发动机起动，检查并记录参数：滑油出现时间、放气活门关闭转速、起动机脱开转速、排气温度急增最高峰值、N_1到慢车转速的时间

任务4：在慢车状态工作及规定转速预热，慢车状态进入试车间，拆除调整螺钉筒帽上的保险，然后将调整螺钉调整到必要的角度，调整后拧紧锁紧螺钉并安装筒帽。推油门到最大状态检查转速调整情况

任务5：在规定转速、规定时间，发动机冷却及停车后检查并记录高、低压转子惯性，耳听转子转动有无异常声

任务6：检查滑油箱油位，必要时补加，用最大转速调整螺钉，打好保险及铅封，在记录单上记录调整量、调整螺钉的转动方向并签字

考核时间：120分钟

KT2-4-7：最大状态推力小故障排除。发动机性能不能充分发挥，会增加飞机起飞的滑跑距离，影响飞机的起飞状态。要对最大喷口进行适当调整获得最佳性能。现对喷口直径调整做如下工作。

任务1：首先依据故障拟定排除故障方案（调整方向、调整量）

任务2：检查发动机安装固定情况，进气道内有无多余物，压气机、涡轮叶片有无损伤，滑油箱油位是否符合规定；清点工具

任务3：起动发动机，检查并记录参数：滑油出现时间、放气活门关闭转速、起动机脱开转速、排气温度急增最高峰值、N_1到慢车转速的时间

任务4：在慢车状态工作及其他规定转速预热，做好个人防护，慢车状态进入试车间，调整最大螺母必要的角度，拧紧锁紧螺钉，离开发动机，推油门到最大状态检查推力调整情况，然后录取推力、燃油流量、排气温度、振动值、滑油压力，计算发动机推力、耗油率、转差率、T_3^*、台架点

任务5：在规定转速、规定工作时间发动机冷却及停车后检查并记录高、低压转子惯性，转子转动有无异常声，检查发动机压气机及涡轮叶片

任务6：检查滑油箱油位，测量最大状态喷口直径，调整螺母并打好保险，在记录单上记录最大螺母调整量、调整螺母的转动方向并签字

考核时间：120分钟

2-5 外场维护

KT2-5-1：某型飞机正在完成航前准备工作，飞机已牵引至指定停机坪，各保障车辆全部到位，需要按照检查单所列的检查项目对飞机进行细致的检查，以保证飞行安全。

任务1：按路线检查飞机机体、发动机、起落架，检查有无损伤

任务2：检查油箱和管路有无泄漏

任务3：检查重要机件的固定连接是否可靠

任务4：填写检查单

考核时间：120分钟

KT2-5-2：某型飞机正在完成航后维护工作，飞机已停放至指定停机坪、飞机无故障，各加油车等保障车辆全部到位，需要在航后完成飞机下次飞行前的准备工作。

任务1：按工作单完成飞机燃油、滑油、液压油的检查

任务2：完成飞机燃油的压力加注工作

任务3：完成液压系统的压力加注工作

任务4：完成发动机滑油系统的重力加注工作

任务5：检查复核并填写工作单

考核时间：120分钟

KT2-5-3：某型飞机正在完成航后维护工作，飞机已停放至指定停机坪，保障车辆全部到位，在绕机检查中，发现某工作气体可能不在规定范围，需要测量气压并充添。

任务1：按工作单完成飞机轮胎、主起落架缓冲支柱、液压蓄压器工作气压的测量工作

任务2：按工作单完成飞机轮胎、主起落架缓冲支柱、液压蓄压器工作气体的充添工作

任务3：完成工作单的填写签字工作

考核时间：120分钟

KT2-5-4：某型飞机正在完成航后维护工作，飞机已停放至指定停机坪，保障车辆全部到位，在绕机检查中，发现左主机轮轧伤深度超过允许值，需要对主机轮进行更换。

任务1：按工作单完成主机轮的检查工作

任务2：按工作单完成主机轮的拆装工作

任务3：按工作单完成主机轮的检验测试工作

任务4：完成工作单的填写签字工作

考核时间：120分钟

KT2-5-5：某型飞机正在完成航后维护工作，飞机已停放至指定停机坪，飞机无故障，电源车等保障车辆全部到位，需要在航后完成飞机下次飞行前机

载设备的准备工作。

  任务 1：按工作单完成飞机地面电源供电工作

  任务 2：按工作单完成飞机导航系统的自检、测试工作

  任务 3：按工作单完成飞机通信系统的自检、测试工作

  任务 4：按工作单完成驾驶舱仪表的检查与维护工作

  任务 5：完成工作单的签字填写工作

  考核时间：120 分钟

  KT2-5-6：某型飞机正在完成过站维护，飞机无故障，飞机正点着陆和起飞，各种工装设备齐全，需要完成飞机飞行一线机务保障工作。

  任务 1：按工作单完成飞机着陆接机工作

  任务 2：按工作单完成飞机起飞前放飞工作

  任务 3：完成飞机技术记录本(履历本)等维修资料的填写工作

  考核时间：120 分钟

2-6 航空维修新技术

  KT2-6-1：某型发动机到寿大修中，密封圈盖表面耐磨涂层需要重新喷涂，已经去除旧涂层。先将喷涂粉末干燥 1 小时，把零件清洗干净，按要求保护非喷涂区，对需要喷涂的面进行喷砂，然后进行喷涂试验，喷涂性能测试试样合格后，再进行涂层喷涂，并自检。

  任务 1：对某型发动机密封圈盖涂层等离子喷涂

  任务 2：完成发动机密封圈盖涂层的质量检查工作

  任务 3：完成维修资料的填写工作

  考核时间：120 分钟

  KT2-6-2：某型航空发动机到寿进行大修，经无损检测发现该发动机高压涡轮工作叶片叶尖存在 1 条 25 mm 深的裂纹，未过凸台。经故检确认，可对该涡轮工作叶片进行 3D 打印修复。

  任务 1：完成该高压涡轮工作叶片叶尖磨损 3D 打印修复工作

  任务 2：完成修复体的抛光工作

  任务 3：完成 3D 打印修复高压涡轮工作叶片叶尖质量检查工作

  任务 4：完成维修资料的填写工作

  考核时间：120 分钟

  KT2-6-3：某型航空发动机发生故障返厂检修，经分解检查发现，该发动机高压压气机转子叶片叶尖磨损严重，导致压缩效率降低。经故检确认，该高

压压气机转子叶片可通过微弧等离子焊接接长修复。

任务1：完成高压压气机转子叶片叶尖磨损微弧等离子焊接接长修复工作准备

任务2：完成修复体的抛光工作

任务3：完成修复体质量检查工作

任务4：完成维修资料的填写工作

考核时间：120分钟

KT2-6-4：某型航空发动机到寿返厂大修，该发动机高压压气机转子经过分解、故检、修理工序，根据工艺要求，需要通过转子堆叠系统对该高压压气机转子进行测量，优化装配，保证高压压气机转子动平衡。

任务1：完成转子堆叠系统自检和初始化工作

任务2：利用转子堆叠系统完成高压压气机转子径向跳动量、端面跳动量测量

任务3：根据测量值完成转子系统优化装配工作

任务4：完成维修资料的填写工作

考核时间：120分钟

KT2-6-5：某型航空发动机到寿返厂大修，经部件分解后，根据工艺要求，需要经过抛光再进入下一个流程。

任务1：完成智能化抛光系统自检和初始化工作

任务2：完成发动机叶片智能化抛光工作

任务3：完成发动机叶片光滑度的测量工作

任务4：完成维修资料的填写工作

考核时间：120分钟

KT2-6-6：某飞机机头雷达罩蜂窝夹芯结构件，分为内、中、外三层层合板和两层蜂窝芯，材料主要为S22玻璃纤维，中间层合板较厚，表面可见的主要是擦伤及漆层脱落，内部损伤不可见。

任务1：完成飞机机头雷达罩蜂窝夹芯结构件清洗工作

任务2：完成红外检测仪自检和初始化工作

任务3：完成蜂窝夹芯结构件红外检测工作

任务4：出具检测报告

考核时间：120分钟

3 专业教学能力

3-1 行业企业调研

KT3-1-1：根据学校工作的统一安排，将启动本年度的专业人才培养调研工作，作为专业负责人或骨干教师，请你完成以下任务：

任务1：制订调研工作方案

任务2：遴选或开发调研工具

任务3：组织实施调研工作

任务4：分析调研结果，形成专业调研报告

任务5：小结以上工作，并进行汇报

KT3-1-2：为做好"岗课赛证"融通的课程建设工作，拟启动课程建设调研工作。

任务1：制订调研工作方案

任务2：遴选或开发调研工具

任务3：组织实施调研工作

任务4：分析调研结果，形成课程调研报告

任务5：小结以上工作，并进行汇报

考核时间：30分钟

3-2 典型工作任务分析

KT3-2-1：为了进一步优化飞机维修类专业课程体系，根据行业企业调研方案的安排，需要组织一次实践专家访谈会。

任务1：制订实践专家访谈会的工作方案

任务2：做好会务准备，并组织会议

任务3：形成飞机维修类专业典型工作任务分析表

任务4：会后对该项工作进行小结，撰写会议纪要，并对本项工作情况进行汇报

考核时间：30分钟

3-3 课程体系开发

KT3-3-1：分析行业企业调研资料，开发飞机维修专业类课程体系。

任务1：按照一定的逻辑关系，重构飞机维修类专业课程体系

任务2：优化本人任教课程的课程标准

任务3：构建飞机维修类专业的实践教学体系，开发一门实践课程的课程

标准

考核时间：30 分钟

3-4 教学资源开发

KT3-4-1：基于任教课程对应工作岗位的企业实践，进行教学资源的开发。

任务 1：优化任教课程的教学案例

任务 2：完善任教课程的题库

任务 3：基于线上线下教学要求，建设或完善信息化教学资源

考核时间：30 分钟

3-5 教学能力训练

KT3-5-1：将企业实践的成果转化为教学成果，提升教学能力。

任务 1：优化 1 次课的教学设计，书写教案，组织实施教学，进行教学效果评价和反思

任务 2：完成 8~10 分钟左右的无学生现场教学展示

任务 3：对本次课的教学设计、实施、评价和反思情况进行小结和汇报

考核时间：30 分钟

4 专业发展能力

4-1 应用技术研究

KT4-1-1：航空装备修理工具优化设计。根据企业生产实际所用到的维修工具或者学校实践教学所用的工具，针对使用过程中的痛点，进行优化设计。

任务：书写优化设计方案

KT4-1-2：航空装备修理工艺优化设计。根据企业生产容易出问题的流程或者学校实践教学中容易出错的工艺流程进行优化设计。

任务：书写优化设计方案

考核时间：30 分钟

4-2 社会服务

KT4-2-1：航空文化传播。就近选择一个社区，充分考虑社区人员文化背景，准备好相应的器材和资料，策划一次航空文化普及传播活动。

任务：撰写航空文化传播活动方案

KT4-2-2：航空装备修理专业技术支持。提前与企业充分沟通，了解企业

所面对的技术难题，根据职业院校自身情况，选择擅长的领域，对企业进行专业技术支持。

任务：撰写航空装备修理专业技术支持方案

考核时间：30分

(二) 结业考核样题

JY-1：从飞行器维修技术专业课程中自选一门课程的一个教学单元，吸纳企业实践中所学到的知识和技能，按照成果导向或工作过程系统化理念，优化课程整体设计和单元设计并实施。

任务1：优化任教课程的内容和结构，完善课程标准

任务2：从任教课程中遴选一个单元或一个项目，优化教学设计并实施，形成教学实施报告

任务3：小结遴选单元的教学实施情况并汇报

任务4：遴选一个知识点或技能点进行现场无学生的教学片段展示

附录五　样题题例

试题编号：KT2-1-3

考核任务描述：某型飞机发动机大修过程中，需要对分解下来的紧固件螺栓进行故障检查，请采用磁粉探伤方法对这批螺栓进行检测并判断是否可以继续使用。

任务 1：紧固件螺栓预处理

任务 2：设备校验及灵敏度调节

任务 3：完成工件的磁粉探伤

任务 4：完成检测结果的判别

任务 5：正确签发检测报告

考核工卡：

工卡标题	紧固件螺栓磁粉探伤			
试题编号	KT2-1-3	工作区域		车间
工位号		考核时间		2 小时
注意事项	1.严格遵守操作规程； 2.注意操作安全，严禁违规作业； 3.遵守纪律，严格考勤； 4.保持好环境卫生			
编写/修订		审核		批准
日期		日期		日期

工具/设备/材料

类别	名称	规格型号	单位	数量	工作者	检查者
工具	磁粉探伤仪 （含探头）	固定式/ 便携式	台	1		
	黑光灯	—	台	1		
	直尺	300 mm	把	1		
	灵敏度试片	A/C 型	套	2		
	校验试块	B/E 型	块	2		
	剩磁计	—	个	1		
	铜棒	—	根	1		

续附表

耗材	砂纸	粗/细	张	适量		
	磁悬液	荧光	升	适量		
1. 工作任务					工作者	检查者
紧固件磁粉检测						
2. 工作准备					工作者	检查者
(1)人员准备：将考核人员分为若干小组进行操作						
(2)工具、量具和耗材准备：依据工具、量具、耗材清单到库房领取所需的工具、量具和耗材并检验						
(3)场地准备：有良好光照条件，无其他强电磁场干扰，取水方便						
3. 工作步骤					工作者	检查者
(1)预处理：对起落架紧固件进行预处理——除油污，锈迹等						
(2)设备校验：利用 B/E 型试块对磁粉探伤机进行校验						
(3)灵敏度调节：利用 A/C 型试片进行磁粉检测综合灵敏度检验（检验合格方可进行后续磁化操作）						
(4)连续法磁化检测：按照技术标准要求对紧固件进行磁化(1~3 s)，并喷洒磁悬液；停止磁悬液喷洒后，再磁化 1~2 次						
(5)观察：对缺陷显示进行识别，排除干扰显示，必要时重复磁化检测						
(6)缺陷评定：对缺陷的位置、大小、性质等信息进行评判						
(7)记录						
(8)退磁：对完成检测的紧固件进行退磁，并确保符合技术规范要求						
(9)签发检测报告(见附件1)						
4.结束工作					工作者	检查者
(1)清点工具和量具，摆放规范整齐，外表完好						
(2)清扫工作现场，保持工位整洁，符合安全文明生产						

附件1　螺栓荧光磁粉检测报告

<table>
<tr><td rowspan="3">工件及外观检查</td><td>主体材质</td><td></td><td>试件编号</td><td></td></tr>
<tr><td>试件规格</td><td></td><td>表面状态</td><td></td></tr>
<tr><td>可视缺陷</td><td colspan="3">□无　□油污　□氧化皮　□机加工痕迹　□其他(备注)</td></tr>
<tr><td rowspan="2">器材</td><td>仪器型号</td><td></td><td>灵敏度试片</td><td></td></tr>
<tr><td>磁粉种类</td><td></td><td>磁悬液类型及浓度</td><td></td></tr>
<tr><td rowspan="4">技术要求</td><td>检测方式</td><td></td><td>电流类型</td><td></td></tr>
<tr><td>磁化方法</td><td></td><td>磁化电流</td><td></td></tr>
<tr><td>磁化时间</td><td></td><td>磁悬液施加方式</td><td></td></tr>
<tr><td>检测标准</td><td></td><td>验收要求</td><td></td></tr>
<tr><td colspan="2">试件序号</td><td>缺陷长度 L/mm</td><td>缺陷条数 n</td><td>备注</td></tr>
<tr><td colspan="2">1-1</td><td></td><td></td><td></td></tr>
<tr><td colspan="2">1-2</td><td></td><td></td><td></td></tr>
<tr><td colspan="2">2-1</td><td></td><td></td><td></td></tr>
<tr><td colspan="2">2-2</td><td></td><td></td><td></td></tr>
</table>

检测结果示意图：

结论：

探伤员		日期	

参考文献

[1] 空军装备部. 空军航空修理系统从业资格管理规定[Z]. 2015.

[2] 空军装备部. 空军航空修理系统从业人员准入资格考核标准[Z]. 2015.

[3] 中国民用航空局. 民用航空器维修培训机构合格审定规定(CCAR-147)[Z]. 2005.

[4] 中国民用航空局. 民用航空器维修人员执照管理规则(CCAR-66-R3)[Z]. 2020.

[5] 任仁良. 维修基本技能(ME,AV)[M]. 北京:清华大学出版社, 2010.

[6] 王自明. 航空无损检测综合知识[M]. 北京:国防工业出版社, 2014.

[7] 张凤鸣, 郑东良, 吕振中. 航空装备科学维修导论. 北京:国防工业出版社, 2006.

[8] 向巧. 航空发动机维修工程管理[M]. 北京:机械工业出版社, 2013.

[9] 李传训. 飞机装配与调试[M]. 北京:航空工业出版社, 2020.

[10] 冯子明. 飞机数字化装配技术[M]. 北京:航空工业出版社, 2015.

[11] 韩志仁, 贺平, 郑晖. 飞机制造技术基础[M]. 北京:北京航空航天大学出版社, 2015.

[12] 姜德君. 教育学原理[M]. 北京:清华大学出版社, 2016.

[13] 杨泉良. 职业教育原理与教师职前教育改革[M]. 武汉:华中科技大学出版社, 2016.

[14] 孙金立. 无损检测及在航空维修中的应用[M]. 北京:国防工业出版社, 2004.

后　记

　　为全面提升教师企业实践能力和专业教学能力，湖南省教育厅已经连续 5 年在职业院校教师素质提升计划中，专门设置了教师企业实践培训项目，取得了良好的效果。为了进一步规范教师企业实践工作，使教师企业实践的培训和考核有章可循、有据可依，湖南省教育科学研究院组织开发了"职业院校专业教师企业实践培训与考核指南丛书"，《职业院校专业教师企业实践培训与考核指南——飞机维修类专业》是其中之一。

　　本《指南》由湖南省教育科学研究院职业教育与成人教育研究所组织开发，历经了企业调研与培训需求分析、企业实践能力分析、专业教学能力分析、培训内容与任务遴选、培训考核与评价、初稿试用、研讨与修改、论证与定稿等阶段。湖南省教育科学研究院舒底清提出了编写思路，确定了编写框架。湖南省教育科学研究院舒底清、长沙航空职业技术学院都昌兵、长沙商贸旅游职业技术学院刘林拟定了写作提纲，并负责本《指南》的统稿、详细修改和审稿。各部分内容分工如下：长沙航空职业技术学院熊纯编写模块一职业素养及相应考核评分标准，都昌兵编写模块二岗位核心能力中的机体结构修理和外场维护项目，江莊编写模块二岗位核心能力中的故障检查与分析项目，康小波编写模块二岗位核心能力中的部附件修理项目，舒毅编写模块二岗位核心能力中的试车项目，邱清竣编写模块二岗位核心能力中的航空维修新技术项目和模块三专业教学能力，中国人民解放军第 5719 工厂韩国忠、卫俊巧编写模块四专业发展能力。本《指南》为湖南省教育教学改革研究重点项目"职业院校'双师型'教学团队建设研究"（项目编号 ZJZD2019002）的阶段性研究成果。

本《指南》在编写过程中得到了湖南省教育厅有关领导和湖南省职业教育与成人教育处的指导和帮助，得到长沙航空职业技术学院、中国人民解放军第5719工厂、中航工业长飞5712飞机维修公司、成都航利航空工程职业教育有限公司等单位的大力支持，在此一并表示感谢。

衷心感谢在本《指南》编写过程中付出辛劳的各位同仁。由于水平有限，难免有疏忽和不恰当的地方，恳请读者批评指正，以便不断更新和完善。

编　者

2021 年 8 月

图书在版编目(CIP)数据

职业院校专业教师企业实践培训与考核指南. 飞机维
修类专业 / 舒底清, 都昌兵著. —长沙: 中南大学出版社,
2021. 11

ISBN 978-7-5487-4610-2

Ⅰ. ①职… Ⅱ. ①舒… ②都… Ⅲ. ①飞机—维修—
职业教育—师资培养—教学参考资料 Ⅳ. ①G715

中国版本图书馆 CIP 数据核字(2021)第 155457 号

职业院校专业教师企业实践培训与考核指南
——飞机维修类专业

舒底清　都昌兵　著

□**责任编辑**　谭　平
□**责任印制**　唐　曦
□**出版发行**　中南大学出版社

　　　　　　　社址：长沙市麓山南路　　　　邮编：410083
　　　　　　　发行科电话：0731-88876770　传真：0731-88710482
□**印　　装**　长沙雅鑫印务有限公司

□**开　　本**　710 mm×1000 mm　1/16　□**印张** 13.5　□**字数** 251 千字
□**版　　次**　2021 年 11 月第 1 版　□**印次** 2021 年 11 月第 1 次印刷
□**书　　号**　ISBN 978-7-5487-4610-2
□**定　　价**　40.00 元